Arduino Projeleri

❦

Temel Düzey

SIBERNETIK HOBI ELEKTRONIK

Copyright © 2016 Sibernetik Hobi Elektronik
Her hakkı saklıdır. All rights reserved.
ISBN-13: 978-1-365-04126-6

İÇİNDEKİLER

Bölüm I – Arduino'yu Yakından Tanıyalım 9
Arduino Nedir? 10
Arduino Donanımı Hakkında 10
Arduino Yazılım Geliştirme Ortamı Hakkında 11

Arduino Kartları – Bazı Örnekler 12
Arduino UNO (Rev.3) 13
Arduino Due 13
Arduino YUN (Atmega32U4) 14
Arduino Leonardo 14
Arduino Mega2560 15
Arduino Ethernet 15
Arduino Fio 15
Arduino Nano 16
LilyPad Arduino 16
Arduino Pro 17
Arduino Esplora 17
Arduino Pro Mini 18

Bölüm II – Başlıca Temel Elektronik Bileşenleri Yakından Tanıyalım 19
Direnç 20
Direnç (220 Ohm Değerinde) 20
Çeşitli değerlerdeki dirençler 20
Bobin 21
Bobin 21
Kondansatör 22
Çeşitli değerlerde elektrolitik kondansatörler 22
Çeşitli değerlerdeki seramik kondansatörler 23
Çeşitli değerlerdeki tantal kondansatörler 23
Değerleri değiştirilebilir varyabl kondansatörler 23
Diyot 24
Diyot (Rektifiye edici) 24
LED 25
Çeşitli renklerdeki görünür ışıklı LEDler 25
RGB (Kırmızı, Yeşil, Mavi) tip ışıklı tek LED 26
Potansiyometreler (Değiştirilebilen direnç) 27

Değişik türlerdeki potansiyometreler 27
Foto direnç (LDR) 28
Foto direnç (LDR) yukarıdan görünümü 28
Sıcaklık Sensörleri 29
Çeşitli sıcaklık sensörleri 29
Transistörler 30
PNP ve NPN tipi iki transistör 30
Entegre Devreler 31
Çeşitli türlerdeki entegre devreler 31
Kristaller 32
Bazı kristal çeşitleri 32
Hoparlörler 33
Hoparlör ve Piezo hoparlör (Buzzer) 33
Mikrofon 34
Küçük bir mikrofon 34
Butonlar 35
Küçük buton çeşitleri 35
Anahtarlar 36
Geçişli (kaydırmalı) anahtar 36
Reed anahtar (Manyetik duyarlı) 36
Sigorta 37
Sigorta ve sigorta yuvası 37
Anten 38
Bir anten çeşidi 38
Motor 39
Doğru akım (DC) motor 39
Güç kaynağı (Piller ve Pil Tutucuları) 40
3 Volt, 6 Volt, 4.8 Volt ve 9 Volt pilli güç kaynakları 40
Devre Tahtası (Breadboard) 41
Tam boy devre tahtası 41
Yarım boy devre tahtası 41
Devre tahtalarının içsel bağlantı yapısı (Yanlar paralel olarak, ortalar ise dikey birbirine bağlı) 41

Direnç Renk Kodları 43

Direnç Renk Kodlarının Okunması 43

Örnek Dirençler ve Renk Kodları 44

Kondansatörler ve Kondansatör Kapasite Değerleri 45

Kondansatör Kapasite Değerinin Okunması 46

Devre tahtasının iç bağlantı yapısını şimdi tekrar inceleyelim 49

Devre Tahtası Üzerindeki Bileşenlerin Doğru ve Yanlış Bağlantı Örnekleri 50

Bölüm III – Arduino'yu Programlama 62

Bilgisayarınıza Arduino IDE Kurulumu 63

Bilgisayarınıza Arduino USB Sürücüsü Kurulumu 64

Arduino IDE'ye (Yazılım Geliştirme Platformu) – Genel Bakış 65

Arduino UNO (Temsili Genel Görünümü) 66

Arduino UNO (Pinler) 67

Bölüm IV – Arduino Projeleri 69

1. Işıklı (LED) Projeleri 70

Proje 1 – Yanıp Sönen LED 71
Kullanılacak olan malzemeler listesi 71
Hatırlatma – Program Kodunun Yazılması, Derlenmesi ve Arduino'ya Aktarılması ... 71
Program Kod Yapısı 72
Devre tahtasından görünümü 73
Devre tahtasının fotoğrafı 73
Şematik gösterimi 74

Proje 2 – Trafik Işıkları 75
Kullanılacak olan malzemeler listesi 75
Hatırlatma – Program Kodunun Yazılması, Derlenmesi ve Arduino'ya Aktarılması ... 75
Program Kod Yapısı 76
Devre tahtasından görünümü 77
Devre tahtasının fotoğrafı 77
Şematik gösterimi 78

Proje 3 – Etkileşimli Trafik Işıkları 79
Kullanılacak olan malzemeler listesi 79
Hatırlatma – Program Kodunun Yazılması, Derlenmesi ve Arduino'ya Aktarılması ... 79
Program Kod Yapısı 80
Devre tahtasından görünümü 82
Devre tahtasının fotoğrafı 82
Şematik gösterimi 83

Proje 4 – Sırayla Yanıp Sönen LED Işıkları 84
Kullanılacak olan malzemeler listesi 84
Hatırlatma – Program Kodunun Yazılması, Derlenmesi ve Arduino'ya Aktarılması ... 84
Program Kod Yapısı 85
Devre tahtasından görünümü 86
Devre tahtasının fotoğrafı 86
Şematik gösterimi 87

Proje 5 – Etkileşimli Sırayla Yanıp Sönen LED Işıkları 88
Kullanılacak olan malzemeler listesi 88
Hatırlatma – Program Kodunun Yazılması, Derlenmesi ve Arduino'ya Aktarılması ... 88
Program Kod Yapısı 89
Devre tahtasından görünümü 90

    Devre tahtasının fotoğrafı 90
    Şematik gösterimi 91

Proje 6 – Kademeli Yanıp Sönen LED Işığı (PWM) 92
    Kullanılacak olan malzemeler listesi 92
    Hatırlatma – Program Kodunun Yazılması, Derlenmesi ve Arduino'ya Aktarılması 92
    Program Kod Yapısı 93
    Devre tahtasından görünümü 94
    Devre tahtasının fotoğrafı 94
    Şematik gösterimi 95

Proje 7 – Kademeli Yanıp Sönen RGB LED Işığı (PWM) 96
    Kullanılacak olan malzemeler listesi 96
    Hatırlatma – Program Kodunun Yazılması, Derlenmesi ve Arduino'ya Aktarılması 96
    Program Kod Yapısı 97
    Devre tahtasından görünümü 98
    Devre tahtasının fotoğrafı 98
    Şematik gösterimi 99

Proje 8 – LED'li Alev Etkisi 100
    Kullanılacak olan malzemeler listesi 100
    Hatırlatma – Program Kodunun Yazılması, Derlenmesi ve Arduino'ya Aktarılması 100
    Program Kod Yapısı 101
    Devre tahtasından görünümü 102
    Devre tahtasının fotoğrafı 102
    Şematik gösterimi 103

Proje 9 – LEDlerin Işık Miktarının Ayarlanması (Seri Veri Yolu Kullanımı) 104
    Kullanılacak olan malzemeler listesi 104
    Hatırlatma – Program Kodunun Yazılması, Derlenmesi ve Arduino'ya Aktarılması 104
    Program Kod Yapısı 105
    Devre tahtasından görünümü 107
    Devre tahtasının fotoğrafı 107
    Seri Port Ekranı (9600 Baud) 108
    Şematik gösterimi 109

Proje 10 – Işık Sensörü (Fotodirenç) 110
    Kullanılacak olan malzemeler listesi 110
    Hatırlatma – Program Kodunun Yazılması, Derlenmesi ve Arduino'ya Aktarılması 110
    Program Kod Yapısı 111
    Devre tahtasından görünümü 112
    Devre tahtasının fotoğrafı 112
    Şematik gösterimi 113

Proje 11 – LED'li Zar 114
    Kullanılacak olan malzemeler listesi 114
    Hatırlatma – Program Kodunun Yazılması, Derlenmesi ve Arduino'ya Aktarılması 114
    Program Kod Yapısı 115
    Devre tahtasından görünümü 116
    Devre tahtasının fotoğrafı 116
    Şematik gösterimi 117

2. Ses/Müzik Projesi 118

Proje 12 – Melodi Devresi 119
    Kullanılacak olan malzemeler listesi 119
    Hatırlatma – Program Kodunun Yazılması, Derlenmesi ve Arduino'ya Aktarılması 119
    Program Kod Yapısı 120
    Devre tahtasından görünümü 121
    Devre tahtasının fotoğrafı 121
    Şematik gösterimi 122

**Merhaba! Benim adım "Albot".
Projelerinizde size ben yardımcı olacağım!**

Bölüm I – Arduino'yu Yakından Tanıyalım

Arduino Nedir?

Arduino, etkileşimli nesneler olan dijital aygıtlar ve fiziki aygıtları kontrol eden ve algılayan, açık kaynak kodlu donanım, yazılım ve mikrokontrolör tabanlı kitler üreten bir yazılım kuruluşu, proje ve topluluğun genel adıdır.

Arduino aynı zamanda, çeşitli mikrokontrolörleri kullanan ve bir çok tedarikçi tarafından üretilen mikrokontrolör tabanlı kart tasarımları üzerinde yoğun uğraşlar veren bir proje yapısının da adıdır. Bu sistemlerde bir çok dijital ve analog Giriş/Çıkış ("I/O") pinleri bulunmaktadır. Öte yandan, çeşitli genişleme kartları ("Shields") sayesinde farklı amaçlı diğer devre kartları ile de etkileşim sağlayabilmekte ve farklı amaçlı arayüzler ("Interface") sunabilmektedirler. Bu kartlar seri iletişim arayüzleri, bazı modellerinde de Evrensel Seri Bağlantı Yolu (USB) içermekle birlikte kişisel bilgisayarınızdan çeşitli programların mikrokontrolöre doğrudan yüklenebilmesini sağlamaktadırlar.

Mikrokontrolörü programlayabilmeniz için Arduino projesi bütünleşik geliştirme ortamı (IDE) tabanlı olan ve C/C++ programlama dillerini destekleyen, "Processing" adı verilen bir programlama ortamını sunmaktadır.

İlk Arduino, 2005 senesinde, hem acemi hem de profesyonel kullanıcıların, sensörler ve diğer araçlar yoluyla çevre ile etkileşimi gerçekleştirebilecekleri düşük maliyetli ve kullanımı kolay aygıtlar yapabilmeleri amacıyla ortaya çıktı. Bu tür aygıtlara örnek olarak, başlangıç seviyesindeki geliştiricilerin hobi amaçlı olarak kendi yaptıkları robotlar, sıcaklık algılayıcıları, termostatlar ve hareket algılayıcıları gibi pek çok örnekler verilebilir.

Ticari bakımdan, Arduino kartları hazır olarak satın alınabileceği gibi, tüm parçalarını bir araya kendinizin de getirebileceği demonte kitler olarak da satılmaktadır. Arduino'nun donanım tasarımına dair tüm detaylar herkese açıktır ve Arduino kartları herkes tarafından üretilebilir.

Arduino Donanımı Hakkında

Genel anlamda bir Arduino kartı Atmel'in 8, 16 veya 32 bitlik AVR mikrokontrolörlerinden birini içerir. Ancak, 2015 senesinden bu yana hem programlama hem de diğer bazı devre kartlarının tamamlayıcısı olarak, diğer üreticilerin mikrokontrolörleri de kullanılmakla birlikte çoğunlukla kartlarda Atmel mikrokontrolörler kullanılmaktadır.

Arduino kartının en önemli özelliklerinden birisi de standart bağlantı noktalarına sahip olmasıdır. Böylece kullanıcılar farklı amaçlara ve özelliklere sahip ilave modül kartlarını ("Shields") Arduino'ya bağlayabilirler. Bazı modüller çeşitli pinler yoluyla Arduino kartla doğrudan iletişim kurabileceği gibi, sistemdeki ek bazı modüller ("Shields") de "I²C serial bus" adı verilen seri bağlantı yoluyla adreslenebilirler. Böylece pek çok ek modül üst üste eklenerek "I²C serial bus" veya doğrudan çeşitli pinler üzerinden iletişim sağlanmak suretiyle bir arada tek parçaymış gibi paralel olarak kullanılabilirler. 2015 senesinden önce resmi Arduinolar Atmel megaAVR serisi çipleri, yani ATmega8, ATmega168, ATmega328, ATmega1280, ve ATmega2560'ı kullandılar. 2015'te diğer çip üreticileri de bu listeye eklenmeye başladı.

Bir çok kart 5 volt doğrusal regülatör ve 16 MHz kristal osilatör (veya seramik rezanatör) içermektedir. Öte yandan LilyPad isimli tasarım 8 MHz'de çalışmaktadır. Arduino mikrokontrolörü önceden programlanmış bir önyükleyici ("boot loader") ve çip içerisinde flaş bellek içermektedir. Çip içerisindeki bu önyükleyici, harici programların mikrokontrolöre yüklenmesini kolaylaştırmaktadır. Halihazırda "optiboot bootloader" Arduino UNO kartlarının varsayılan önyükleme yazılımıdır.

Kavramsal olarak, Arduino'nun bütünleşik geliştirme ortamında (IDE), tüm kartlar seri bağlantı yolu üzerinden programlanmaktadır. Bazı Arduino kartlar, seviye kaydırıcı denilen devreler aracılığıyla "RS-232" mantık seviyeleri sinyallerini "transistor–transistor logic" (TTL) sinyallerine dönüştürmektedir. Mevcut Arduino kartlar USB'den seriye dönüşüm adaptörleri (örn. FTDI FT232) aracılığıyla programlanmaktadır. Bazı kartlar ise (örn. son revizyon Uno kartlar), FTDI çiplerin yerine ayrı bir AVR çip içeren USB'den seriye olan "firmware" kullanmaktadır (Ayrıca ICSP başlığı ile yeniden programlanabilir). Öte yandan Arduino Mini ve Boarduino gibi kartlarda çıkarılabilen USB'den seriye adaptörleri, Bluetooth veya diğer yöntemlerle geleneksel mikrokontrolör programlama araçları (Arduino IDE'ye alternatif olarak) kullanılabilmektedir.

Arduino Yazılım Geliştirme Ortamı Hakkında

Arduino projesinin ücretsiz kendi IDE'si bulunmaktadır. Arduino IDE'nin kod editörü çok çeşitli kolaylıklar ve özellikler sağlamaktadır. Arduino IDE'de geliştirilen programlar skeç ("Sketch") olarak isimlendirilmektedir. Arduino IDE'si C ve C++ dillerini desteklemektedir. Tipik bir Arduino C/C++ programı iki temel fonksiyon içerir:

- **setup()** : Tek bir sefer çalışır ve gerekli tüm başlangıç ayarlarını gerçekleştirir.
- **loop()** : Kartın güç düğmesi kapatılana kadar, sürekli olarak bir döngü içerisinde fonksiyonu çalıştırır.

Öte yandan, Arduino programları diğer programlama dilleri kullanılarak da yazılabilir. Ancak program derleyicisi ("compiler") bu kodu istenilen ikili ("binary") sistemdeki makine diline dönüştürmek zorundadır. Atmel kendi mikrokontrolörleri için bir geliştirme ortamı sağlamaktadır. Atmel'in "AVR Studio" ve "Atmel Studio" isimli geliştirme ortamları bulunmaktadır.

Arduino Kartları – Bazı Örnekler

Arduino UNO (Rev.3)

İşlemci   : ATmega328P
İşlemci Frekansı : 16 MHz
Boyutları (mm)   : 68.6×53.3
Flaş Bellek   : 32 kb
EEPROM   : 1 kb
SRAM   : 2 kb
Dijital G/Ç pin   : 14
Dijital PWM pin   : 6
Analog Giriş pin : 6
İlk Çıkış Tarihi: 24 Eylül 2010

Arduino Due

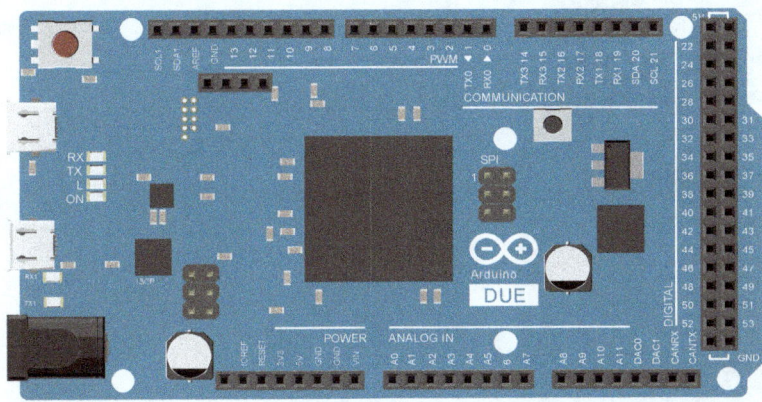

İşlemci   : ATSAM3X8E
İşlemci Frekansı : 84 MHz
Boyutları (mm)   : 101.6×53.3
Flaş Bellek   : 512 kb
EEPROM   : 0 kb
SRAM   : 96 kb
Dijital G/Ç pin   : 54
Dijital PWM pin   : 12
Analog Giriş pin : 12
İlk Çıkış Tarihi: 22 Ekim 2012

Arduino YUN (Atmega32U4)

İşlemci   : Atmega32U4
İşlemci Frekansı   : 16 MHz
Boyutları (mm)   : 68.6×53.3
Flaş Bellek   : 32 kb
EEPROM   : 1 kb
SRAM   : 2.5 kb
Dijital G/Ç pin   : 14
Dijital PWM pin   : 6
Analog Giriş pin   : 12
İlk Çıkış Tarihi: 10 Eylül 2013

Arduino Leonardo

İşlemci   : Atmega32U4
İşlemci Frekansı   : 16 MHz
Boyutları (mm)   : 68.6×53.3
Flaş Bellek   : 32 kb
EEPROM   : 1 kb
SRAM   : 2.5 kb
Dijital G/Ç pin   : 20
Dijital PWM pin   : 7
Analog Giriş pin   : 12
İlk Çıkış Tarihi: 23 Tem. 2012

Arduino Mega2560

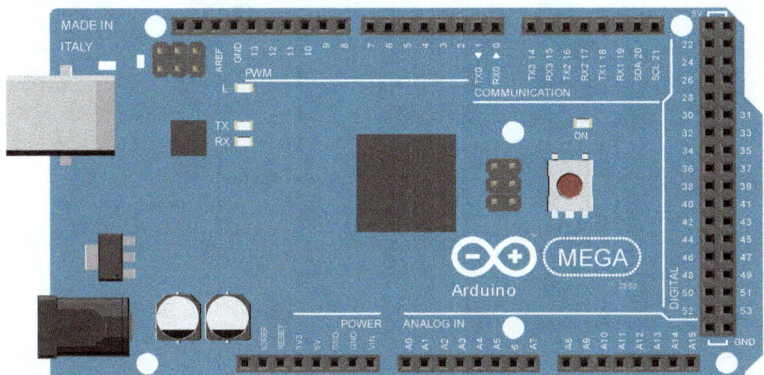

İşlemci	: ATmega2560
İşlemci Frekansı	: 16 MHz
Boyutları (mm)	: 101.6× 53.3
Flaş Bellek	: 256 kb
EEPROM	: 4 kb
SRAM	: 8 kb
Dijital G/Ç pin	: 54
Dijital PWM pin	: 15
Analog Giriş pin	: 16
İlk Çıkış Tarihi: 24 Eylül 2010	

Arduino Ethernet

İşlemci	: ATmega328
İşlemci Frekansı	: 16 MHz
Boyutları (mm)	: 68.6× 53.3
Flaş Bellek	: 32 kb
EEPROM	: 1 kb
SRAM	: 2 kb
Dijital G/Ç pin	: 14
Dijital PWM pin	: 4
Analog Giriş pin	: 6
İlk Çıkış Tarihi: 13 Tem. 2011	

Arduino Fio

İşlemci	: ATmega328P
İşlemci Frekansı	: 8 MHz
Boyutları (mm)	: 66.0×27.9
Flaş Bellek	: 32 kb
EEPROM	: 1 kb
SRAM	: 2 kb
Dijital G/Ç pin	: 14
Dijital PWM pin	: 6
Analog Giriş pin	: 8
İlk Çıkış Tarihi: 18 Mart 2010	

Arduino Nano

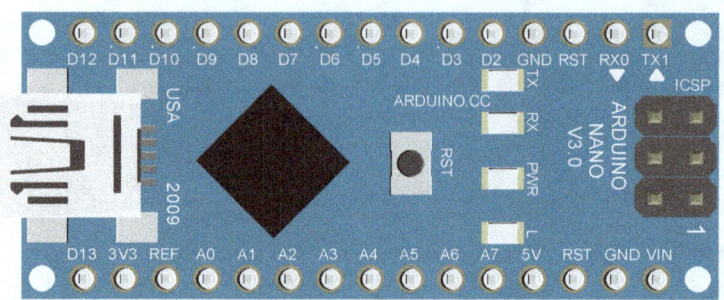

İşlemci	: ATmega328
İşlemci Frekansı	: 16 MHz
Boyutları (mm)	: 43.18×18.54
Flaş Bellek	: 16/32 kb
EEPROM	: 0.5/1 kb
SRAM	: 1/2 kb
Dijital G/Ç pin	: 14
Dijital PWM pin	: 6
Analog Giriş pin	: 8
İlk Çıkış Tarihi: 15 Mayıs 2008	

LilyPad Arduino

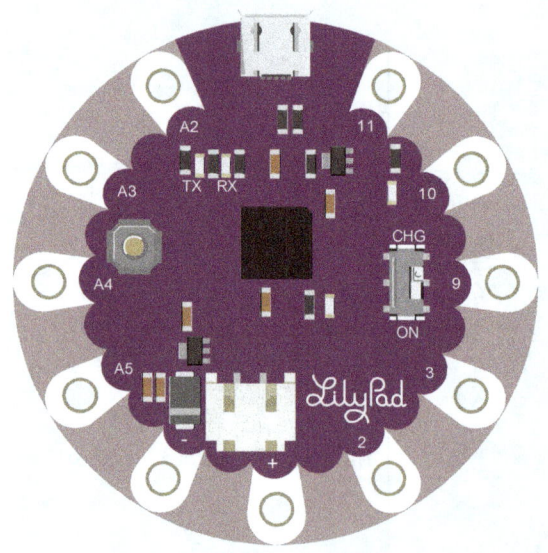

İşlemci	: ATmega168V / 328V
İşlemci Frekansı	: 8 MHz
Boyutları (mm)	: 51 mm ø
Flaş Bellek	: 16 kb
EEPROM	: 0.5 kb
SRAM	: 1 kb
Dijital G/Ç pin	: 14
Dijital PWM pin	: 6
Analog Giriş pin	: 6
İlk Çıkış Tarihi: 17 Ekim 2007	

Arduino Pro

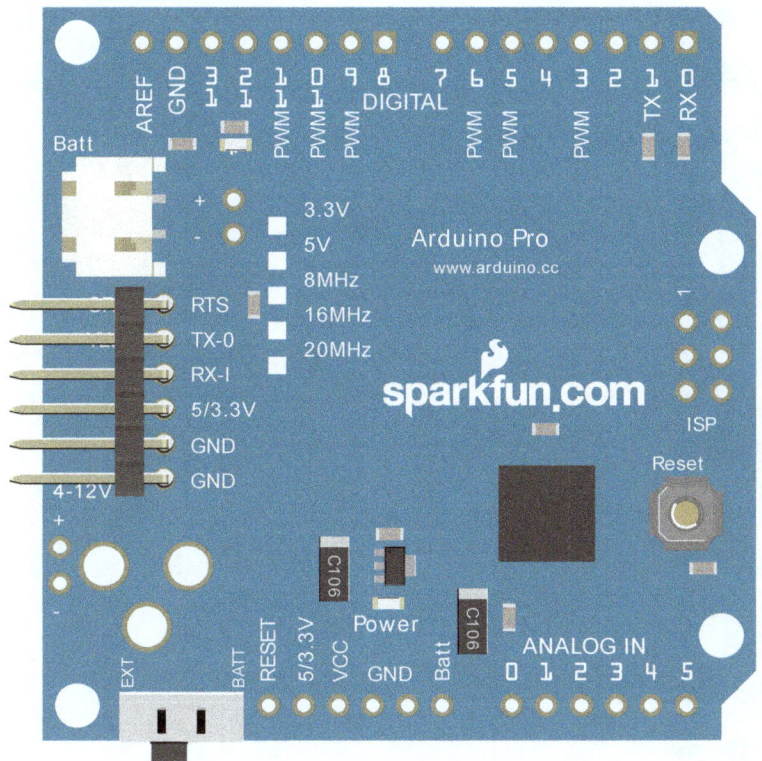

İşlemci	: ATmega168 /328
İşlemci Frekansı	: 16 MHz
Boyutları (mm)	: 52.1× 53.3
Flaş Bellek	: 16/32 kb
EEPROM	: 0.5/1 kb
SRAM	: 1/2 kb
Dijital G/Ç pin	: 14
Dijital PWM pin	: 6
Analog Giriş pin	: 6

Arduino Esplora

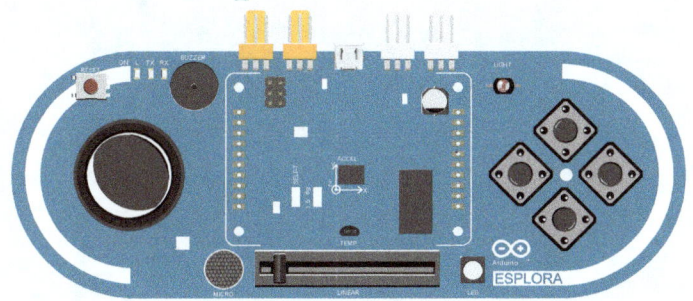

İşlemci	: Atmega32U4
İşlemci Frekansı	: 16 MHz
Boyutları (mm)	: 165.1×61.0
Flaş Bellek	: 32 kb
EEPROM	: 1 kb
SRAM	: 2.5 kb
İlk Çıkış Tarihi: 10 Aralık 2012	

Arduino Pro Mini

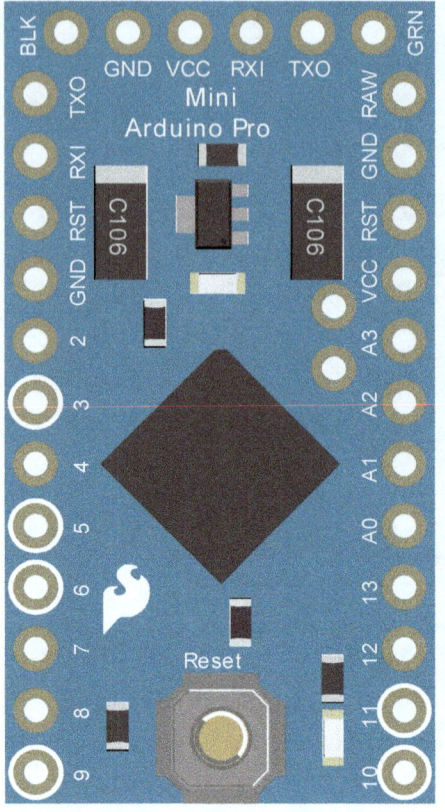

İşlemci	: ATmega328
İşlemci Frekansı	: 8 /16 MHz
Boyutları (mm)	: 17.8×48.3
Flaş Bellek	: 32 kb
EEPROM	: 1 kb
SRAM	: 2 kb
Dijital G/Ç pin	: 14
Dijital PWM pin	: 6
Analog Giriş pin	: 6

Bölüm II – Başlıca Temel Elektronik Bileşenleri Yakından Tanıyalım

Direnç

Direnç (220 Ohm Değerinde)

Çeşitli değerlerdeki dirençler

R1 100Ω	R7 3.3kΩ	R13 33kΩ
R2 220Ω	R8 4.7kΩ	R14 47kΩ
R3 470Ω	R9 6.8kΩ	R15 68kΩ
R4 1kΩ	R10 10kΩ	R16 100kΩ
R5 1.5kΩ	R11 15kΩ	R17 150kΩ
R6 2.2kΩ	R12 22kΩ	R18 1MΩ

Devre elemanı olan direnç, devrede akıma karşı bir zorluk göstererek akım sınırlaması yapar. Elektrik enerjisi direnç üzerinde ısıya dönüşerek harcanır.

Direncin birimi "Ohm"'dur. Ohm'un ast katları; pikoohm, nanoohm, mikroohm, miliohm, üst katları ise; kiloohm, megaohm ve gigaohm'dur.

Dirençler devrelerde;

- Devreden geçen akımı sınırlayarak belli bir değerde tutmak,
- Devrenin besleme gerilimini bölüp küçülterek diğer elemanların çalışmasını sağlamak,
- Hassas devre elemanlarının yüksek akımdan zarar görmesini engellemek,
- Yük alıcı görevi yapmak,
- Isı enerjisi elde etmek gibi çeşitli amaçlarla kullanılır.

Bobin

Bobin

Çeşitli bobinler:

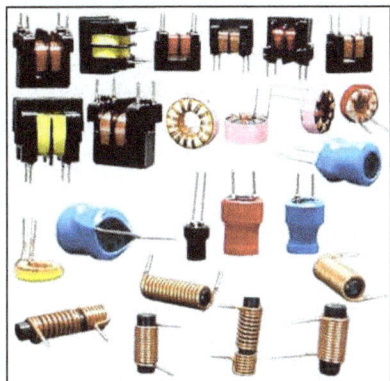

Direnç tipi bobinler:

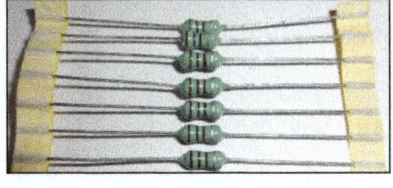

Bobin bir iletken telin üst üste ya da yan yana sarılması ile üretilen devre elemanıdır. Bobinin birimi henry (H), simgesi ise L dir.

Bobine alternatif akım (AC) uygulandığında, akımın yönü sürekli değiştiğinden dolayı bobin etrafında bir manyetik alan oluşur. Bu manyetik alan akıma karşı ek bir direnç gösterdiğinden, AC devrelerde bobinin akıma gösterdiği direnç artar. Doğru akım (DC) devrelerde ise bobinin akıma karşı gösterdiği direnç, sadece bobinin üretildiği metalden kaynaklanan omik dirençtir.

Kondansatörlerin elektrik yüklerini depolayabildikleri gibi, bobinler de elektrik enerjisini kısa süreliğine manyetik alan olarak depo ederler. Bu iki devre elemanı arasındaki önemli fark ise; kondansatörler devreye bağlıyken gerilimi geri bırakırken (faz farkı), bobinlerin gerilimi ileri kaydırmasıdır. Bobin ve kondansatörlerin gerilim ve akım arasında yarattığı faz farkı uygulamalarda farklı şekillerde fayda ya da zararlara neden olur.

Kondansatör

Çeşitli değerlerde elektrolitik kondansatörler

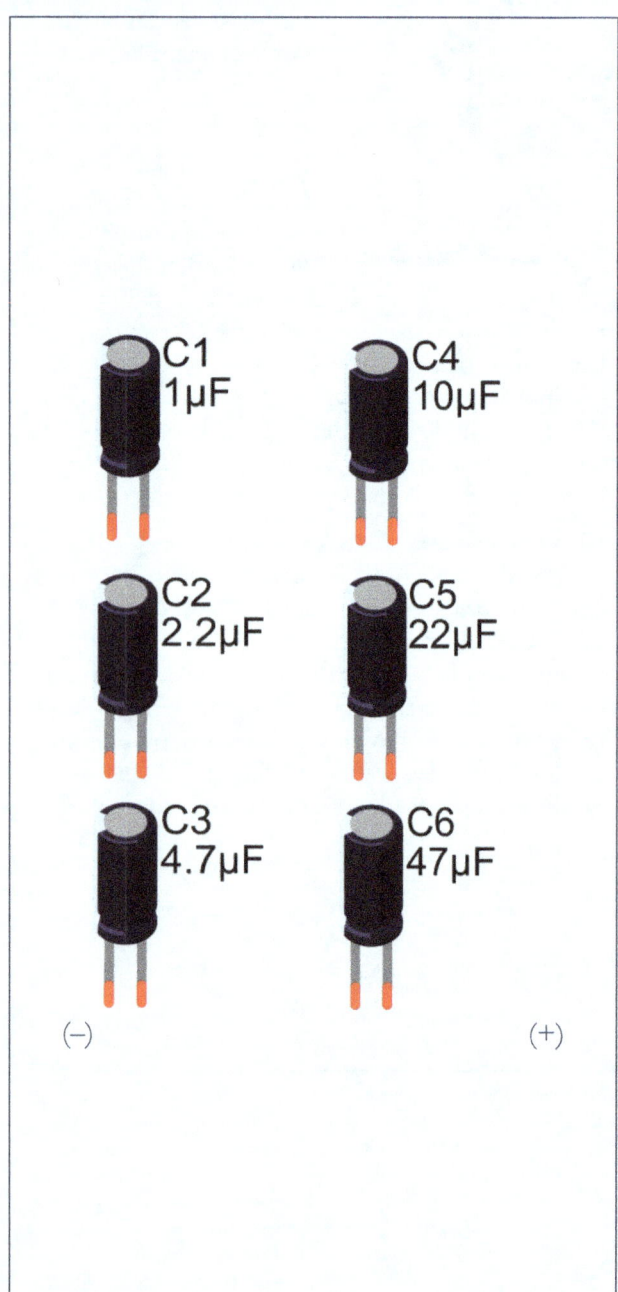

(−) (+)

Kondansatör, elektronların kutuplanarak elektriksel yükü elektrik alanın içerisinde depolayabilme özelliklerinden faydalanılarak, bir yalıtkan malzemenin iki metal tabaka arasına yerleştirilmesiyle oluşturulan temel elektrik ve elektronik devre elemanıdır.

Elektrik yükü depolama, reaktif güç kontrolü, bilgi kaybı engelleme, alternatif akım (AC) ya da doğru akım (DC) arasında dönüşüm yapmada kullanılırlar ve tüm entegre elektronik devrelerin vazgeçilmez elemanıdırlar.

Kondansatörlerin sembolü c, birimi ise farad'dır. Farad'ın katları; nanofarad, mikrofarad, vb şeklindedir.

İletken levhalar arasında bulanan maddeye elektriği geçirmeyen anlamında dielektrik adı verilir. Kondansatörlerde dielektrik madde olarak; mika, kağıt, polyester, metal kağıt, seramik, tantal vb. maddeler kullanılabilir. **Elektrolitik ve tantal kondansatörler kutupludur.** Bu nedenle sadece DC ile çalışan devrelerde kullanılabilirler. Kutupsuz kondansatörler ise DC veya AC devrelerinde kullanılabilir.

Devre içerisinde kullanılırken her zaman doğru yönde bağlanması gerekmektedir. Anot ve katot yönü çok önemlidir.

Çeşitli değerlerdeki seramik kondansatörler

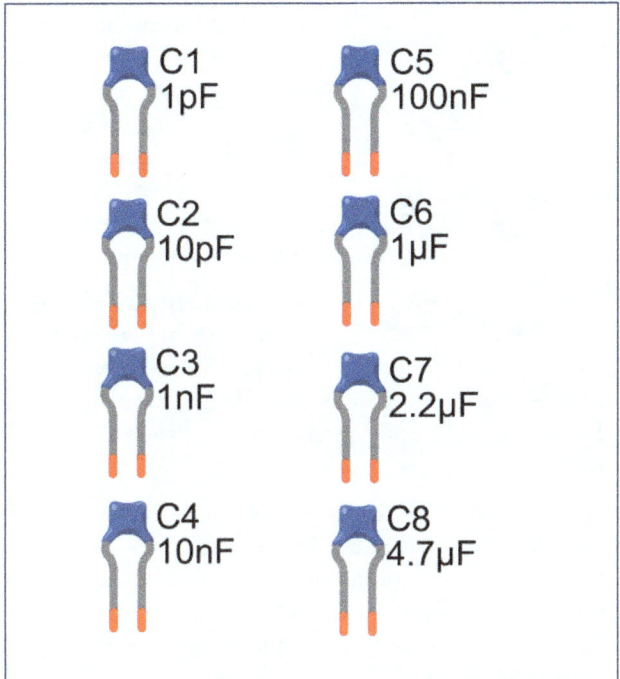

Değerleri değiştirilebilir varyabl kondansatörler

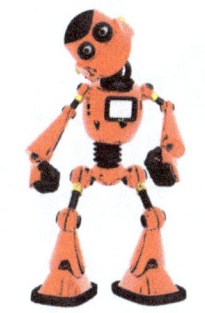

Kondansatörlerin paralel bağlanmasıyla gerçekleştirilen varyabl kondansatörler, iki parçadan oluşur, durağan parçasının adı stator, hareketli parçasının adı rotordur.

Kondansatörlerin boyutları ve biçimleri farklılıklar gösterebilmektedir.

Çeşitli değerlerdeki tantal kondansatörler

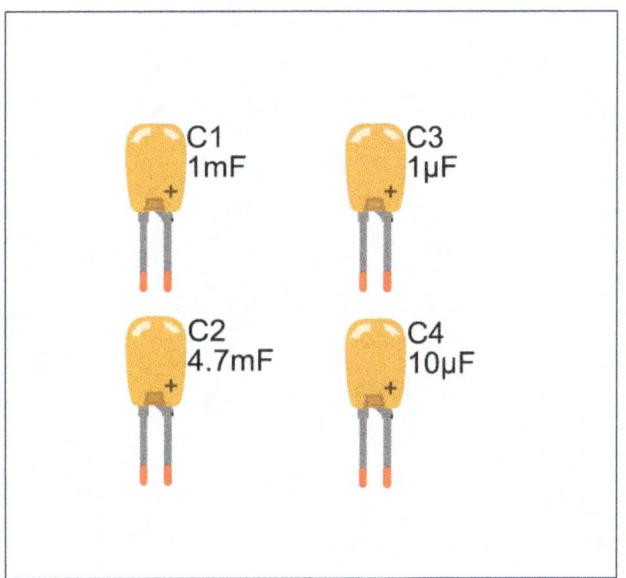

Genel anlamda kondansatörlerin kapasitesi arttıkça boyutları da artmaktadır. Öte yandan elektronik devre elemanlarının türleri aynı olsa bile farklı üreticiler tarafından sağlanan ürünlerde, biçim, boy ve renk gibi çeşitli farklılıklar gösterebilmektedirler. Bu sayfada gösterilenler dışında; kağıt, mika, plastik, metal, polyester, SMD ve daha bir çok türde farklı kondansatörler de bulunmaktadır.

Diyot

Diyot (Rektifiye edici)

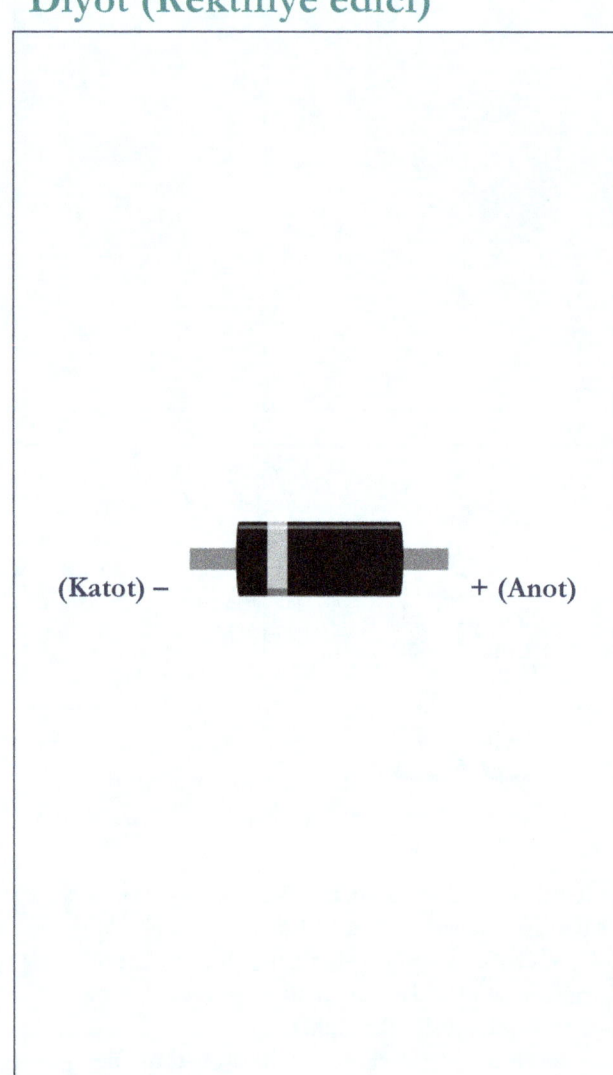

(Katot) −   + (Anot)

Diyot, yalnızca bir yönde akım geçiren devre elemanıdır. Bir yöndeki dirençleri ihmal edilebilecek kadar küçük, öbür yöndeki dirençleri ise çok büyük olan elemanlardır.

Direncin küçük olduğu yöne "doğru yön" veya "iletim yönü", büyük olduğu yöne "ters yön" veya "tıkama yönü" denir. Diyot sembolü akım geçiş yönünü gösteren bir ok şeklindedir.

Ayrıca, diyotun uçları pozitif (+) ve negatif (-) işaretleri ile de belirlenir. "+" uca anot, "-" uca katot denir. Diyotun anoduna, gerilim kaynağının pozitif (+) kutbu, katoduna kaynağın negatif (-) kutbu gelecek şekilde gerilim uygulandığında diyot iletime geçer.

Diyotun P kutbuna "Anot", N kutbuna da "Katot" adı verilir. Diyot N tipi madde ile P tipi maddenin birleşiminden oluşur.

Devre içerisinde kullanılırken her zaman doğru yönde bağlanması gerekmektedir. Anot ve katot yönü çok önemlidir.

LED

Çeşitli renklerdeki görünür ışıklı LEDler

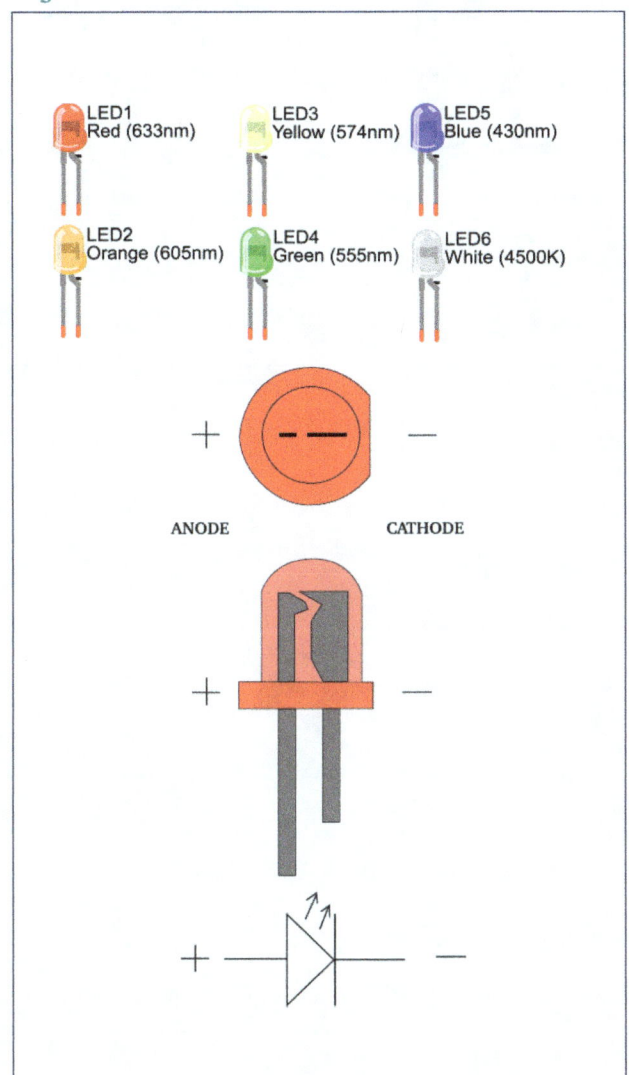

LED ("Light Emitting Diode", Işık Yayan Diyot), yarı-iletken, diyot temelli, ışık yayan bir elektronik devre elemanıdır.

Başlangıçta yalnızca zayıf kuvvetli kırmızı ışık verebiliyorlardı ama çağdaş ledler Görünür ışık, Morötesi, Kızılötesi gibi çeşitli dalga boylarında, yüksek parlaklıkta ışık verebiliyor.

Düşük enerji tüketimi, uzun ömrü, sağlamlığı, küçük boyutu ve hızlı açılıp kapanabilmesi gibi geleneksel ışık kaynaklarına göre bir dizi avantajı vardır.

* Ledler yarı iletken malzemelerdir.

* Ana maddeleri silikondur.

* Üzerinden akım geçtiğinde foton açığa çıkararak ışık verirler.

* Farklı açılarda ışık verecek şekilde üretilmektedirler.

Devre içerisinde kullanılırken her zaman doğru yönde bağlanması gerekmektedir. Anot ve katot yönü çok önemlidir.

RGB (Kırmızı, Yeşil, Mavi) tip ışıklı tek LED

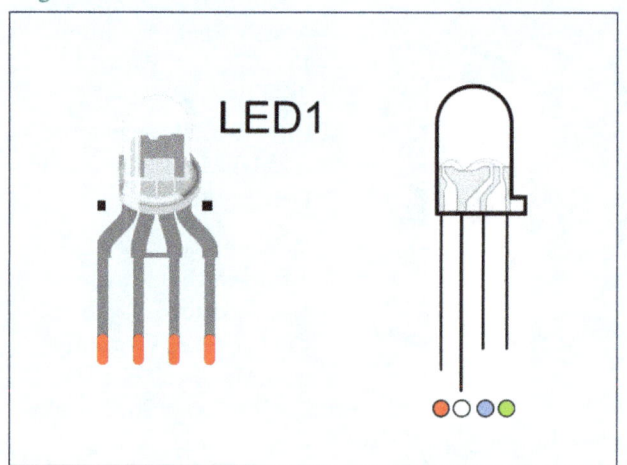

Ledlerde mavi ışığın kullanılabilmesi ile RGB (Kırmızı Yeşil Mavi) aydınlatma mümkün olmuş ve birçok sektörde uygulama alanı bulmuştur.

Devre içerisinde kullanılırken her zaman doğru yönde bağlanması gerekmektedir. Anot ve katot yönü çok önemlidir.

Potansiyometreler (Değiştirilebilen direnç)

Değişik türlerdeki potansiyometreler

Potansiyometre, dışarıdan fiziksel müdahaleler ile değeri değiştirilebilen dirençlerdir.

Potansiyometrelerin daha çok karbon veya karbon içerikli direnç elemanlarından yapılmaktadırlar.

Potansiyometreler devrelerde akımı sınırlamak ya da gerilimi bölmek amacıyla kullanılırlar.

Foto direnç (LDR)

Foto direnç (LDR) yukarıdan görünümü

Foto dirençler, üzerlerine düşen ışık şiddetiyle ters orantılı olarak dirençleri değişen elemanlardır. Foto direnç, üzerine düşen ışık arttıkça direnç değeri lineer olmayan bir şekilde azalır. LDR'nin aydınlıkta direnci minimum, karanlıkta maksimumdur. Hem AC devrede, hem DC devrede aynı özellik gösterir.

Sıcaklık Sensörleri

Çeşitli sıcaklık sensörleri

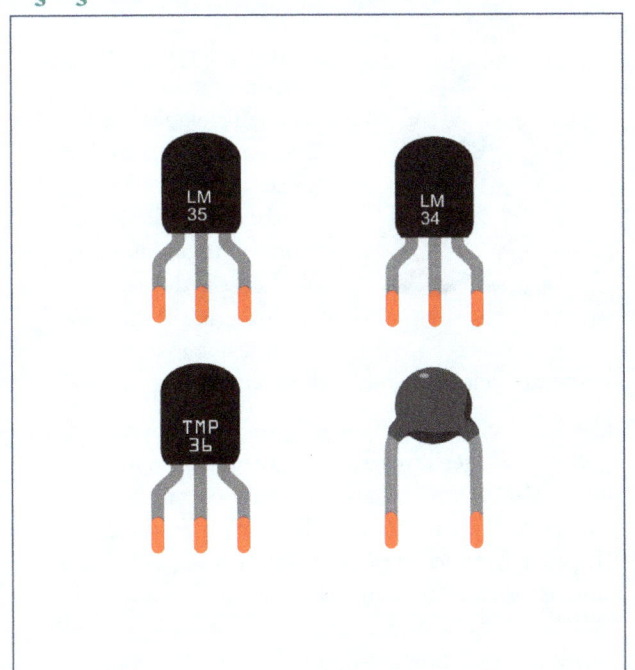

Termistör veya ısıl direnç, sıcaklık ile iletkenliği (direnci) değişen bir tür dirençtir. Sıcaklık ile direnci değişen maddelere, term (ısıl), rezistör (direnç) kelimelerinin birleşimi olan termistör denir. Termistörler, sıcaklık sensörleri, kendiliğinden sıfırlamalı aşırı akım koruyucuları ve kendiliğinden ayarlamalı ısıtma elementlerinde kullanılır.

Devre içerisinde kullanılırken her zaman doğru yönde bağlanması gerekmektedir.

Transistörler

PNP ve NPN tipi iki transistör

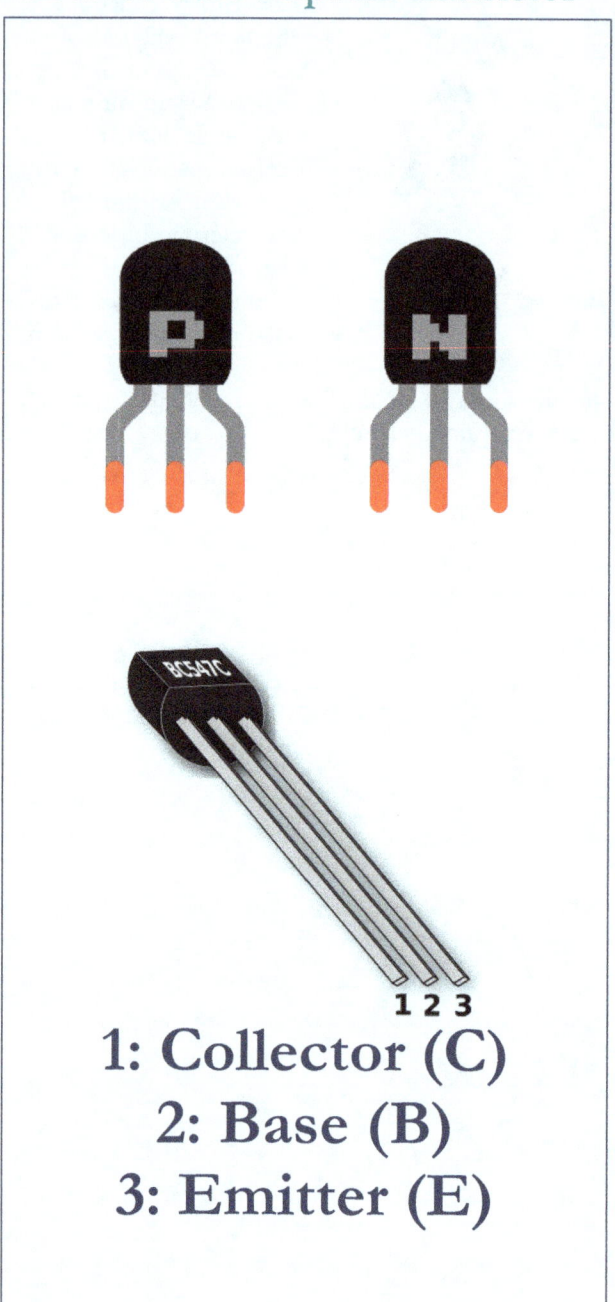

1: Collector (C)
2: Base (B)
3: Emitter (E)

Transistör yan yana birleştirilmiş iki PN diyotundan oluşan, girişine uygulanan sinyali yükselterek akım ve gerilim kazancı sağlayan, gerektiğinde anahtarlama elemanı olarak kullanılan yarı iletken bir devre elemanıdır. Transistör kelimesi transfer ve rezistans kelimelerinin birleşiminden doğmuştur.

Geçirgeç veya transistör girişine uygulanan sinyali yükselterek gerilim ve akım kazancı sağlayan, gerektiğinde anahtarlama elemanı olarak kullanılan yarı iletken bir elektronik devre elemanıdır. BJT (Bipolar Junction Transistör) çift birleşim yüzeyli transistördür. İki N maddesi, bir P maddesi (NPN) ya da iki P maddesi, bir N maddesi (PNP) birleşiminden oluşur. Transistör üç kutuplu bir devre elemanıdır. **BC547 transistörlerde devre sembolü üzerinde orta kutup Base (B), 1 numaralı kutup Collector (C), 3 numaralı kutup Emitter (E), olarak adlandırılır.** Base akımının şiddetine göre kollektör ve emiter akımları ayarlanır. Bu ayar oranı kazanç faktörüne göre değişir.

Transistörler elektronik cihazların temel yapı taşlarındandır. Günlük hayatta kullanılan elektronik cihazlarda birkaç taneden birkaç milyara varan sayıda transistör bulunabilir.

Devre içerisinde kullanılırken her zaman doğru yönde bağlanması gerekmektedir.

Entegre Devreler

Çeşitli türlerdeki entegre devreler

UM66 Entegre Devresi:

1: Eksi (-) kutup
2: Pozitif (+) kutup
3: Çıkış

İngilizce integrated circuit (birleşik devre), monolithic integrated circuit, ya da IC olarak, Türkçe tümdevre, yonga, kırmık, çip, mikroçip, tümleşik devre ya da entegre devre olarak adlandırılan genellikle silikondan yapılmış yarı iletken maddeler ile tasarlanmış metal bir levha üzerine yerleştirilen elektronik devreler grubudur. Mikroçipler, her elektronik devre elemanı bağımsız olan ayrık devrelerden daha küçük boyutludur. Entegre devreler içinde bir tırnak ucu kadar alanda milyarlarca transistör ve elektronik devre elemanı içerecek kadar küçültülebilir. Bir devre içerisindeki her bir iletken sıranın genişliği teknolojinin elverdiği ölçüde (2008 de bu ölçü 100 nanometre idi.) küçültülebilir. Entegre devreler Küçük boyutu, hafifliği ve kullanım kolaylığı ile tümdevreler, günümüzün modern elektronik sektöründe çok önemli bir yer tutmaktadır. Bilgisayarlardan oyuncaklara kadar geniş bir kullanım alanına sahiptir.

Devre içerisinde kullanılırken her zaman doğru yönde bağlanması gerekmektedir.

Kristaller

Bazı kristal çeşitleri

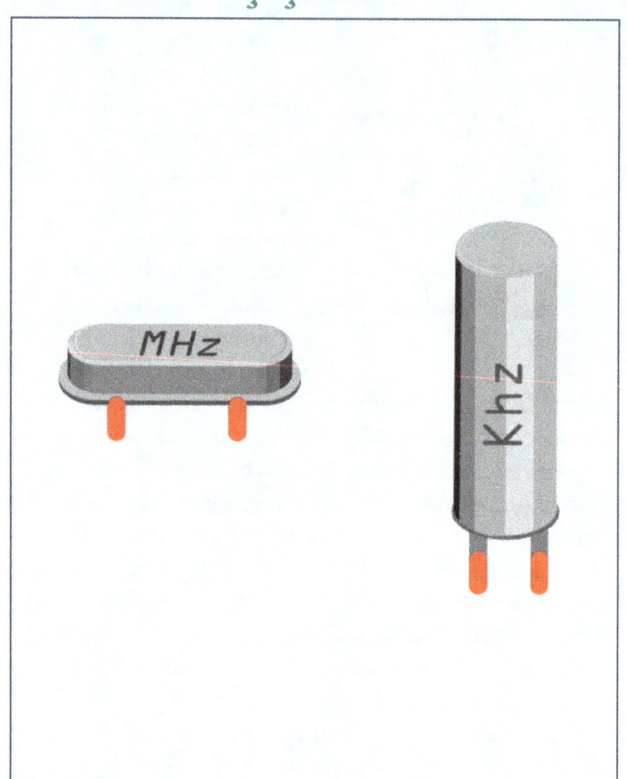

Kristal osilatör, piezoelektrik etkiyi kullanarak salınım yapan osilatör çeşididir.

Roşel tuzu ve turmalin gibi kristallere kuartz kristali denir. Kuartz kristalinden çeşitli eksenlerde kesilmiş bir plakadan titreşim kristali yapılır. Bu plakanın iki yüzeyine konan iki bağlantı noktasına alternatif gerilim uygulandığında kristal mekanik olarak titreşmeye başlar veya bu plaka basınç altında bırakıldığında, sinüssel alternatif gerilim ortaya çıkar. Bu piezoelektrik olayıdır. Eğer alternatif gerilimin frekansı ve kuartzın mekanik öz frekansı aynı ise piezoelektrik etki en yüksek değerdedir.

Hoparlörler

Hoparlör ve Piezo hoparlör (Buzzer)

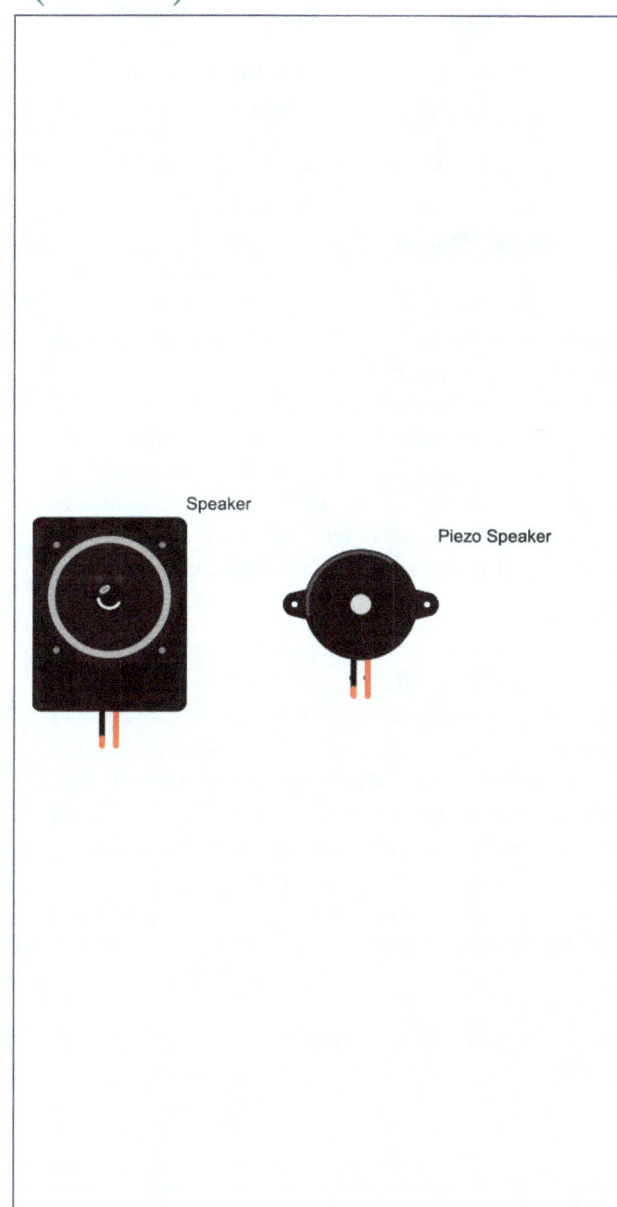

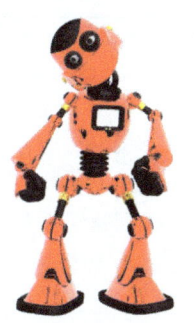

Hoparlör, elektrik akımı değişimlerini ses titreşimlerine çeviren alettir.

1920 yıllarında elektrikli ses dalgalarının kaydedilip yayınlanmasına imkân sağlayan buluşlar ortaya çıktı. Bu buluşların neticesinde ilk hoparlör 1924-1925 yıllarında yapılmıştır. Chester W. Rice ve Edward W. Kellogg tarafından yapılan çalışmalar hoparlörü geliştirdi. Bu iki bilim adamının ortaya çıkardığı sistem, günümüzde önemli değişikliğe uğramamıştır.

Çalışma şekillerine göre elektrodinamik, magnetostatik, elektrostatik ve elektromanyetik hoparlör olmak üzere dört tip hoparlör vardır. Hareketli bobinli hoparlörler, daire veya elips biçiminde bir diyaframdan meydana gelir. Diyafram ortası ve kenarları boyunca dizilen yaylarla metal bir çerçeveye asılıdır. Diyaframın ortasında sıkıca tutturulmuş silindir şeklinde bir çekirdek ve üstüne sarılı bir ses bobini bulunur. Bobin ve çekirdek bir mıknatısın kutupları arasına yerleştirilmiştir. Önceleri, bir yükselticiden alınan doğru akımla çalışan elektromıknatıslar kullanılıyordu, günümüzde yumuşak demirden kalıcı mıknatıslar veya seramik maddeler kullanılmaktadır.

Mikrofon

Küçük bir mikrofon

Mikrofon, ses dalgalarını elektriksel titreşimlere çeviren, elektro-akustik bir cihazdır. Mikrofon ses dalgalarına göre sinyal gerilimi verdiğinden hoparlörü tamamlayan bir unsurdur. Bir ses dalgasındaki titreşimlerin elektriksel benzeri olan sinyali üretmeye yarayan birçok fiziksel prensip vardır. Bunlar, bağlantı direncinin değişimi, piezo elektrik, elektromanyetik ve manyetostriksiyon (mıknatıslandığı zaman bir cismin boyunda meydana gelen değişiklik) prensiplerini içine alır. Bütün bu prensipler ve diğerleri yıllarca denenmiş, ancak sonunda piezo-elektrik, elektromanyetik, elektrostatik ve kapasitif prensipleri uygulamaya konmuştur.

Bütün mikrofonlar ses dalgalarına tepki gösteren çeşitli şekillerde yapılmış diyafram ya da benzeri bir elemana sahiptir. Mikrofona gelen ses dalgaları diyaframa çarpar ve ses basıncındaki değişikliklere göre diyafram içe veya dışa doğru hareket ederek mekanik titreşim yapar. Bu titreşimler sonucunda mikrofonun çıkış uçlarında bir gerilim meydana gelir. Çıkış uçlarında meydana gelen gerilim, hareket eden parçanın ya hızı ya da titreşimlerinin genliği ile orantılıdır.

Butonlar

Küçük buton çeşitleri

Buton, iterek üzerine basıldığında, makine veya yazılımlardaki bir sürecin başlamasını ve kontrolünü sağlayan basit bir geçiş mekanizmasıdır. Butonlar tipik olarak genellikle sert plastik veya metal malzemeden imal edilir. Yüzeyi insan eline uygun şekilde dizayn edilmiş olup, genellikle basılacak bölümü düz bir yapıya sahiptir. Butonların pek çok çeşidi olsa dahi (doğal olarak) itme ve uygulanan bu kuvvet karşısında tepki veren yay sisteminden oluşur. Butona uygulanan her kuvvet önceden belirlenmiş bir sürecin çalışmasını sağlar.

Anahtarlar

Geçişli (kaydırmalı) anahtar

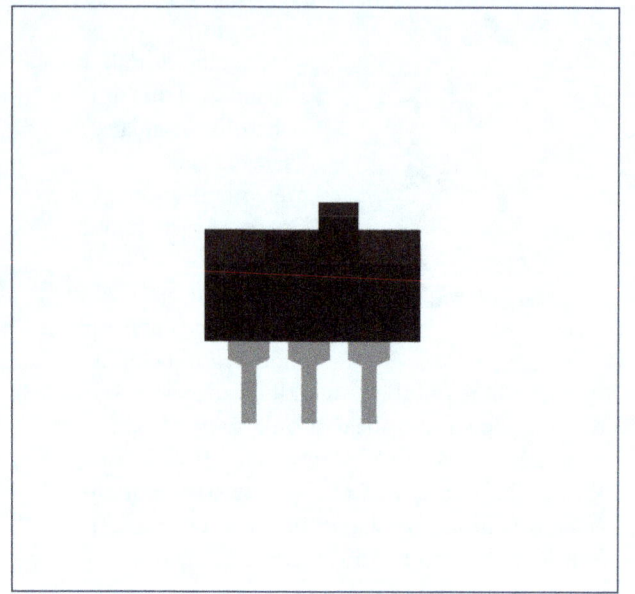

Anahtar ya da şalter, elektrik devrelerindeki akımı kesmeye ya da akımın bir iletkenden başka bir iletkene yön değiştirmesini sağlayan devre elemanıdır. En basit formunda bir anahtarın 2 adet kontağı (elektrik bağlantısı) vardır. Anahtarın "açık" konumunda bu iki kontak arasında akım geçişi yokken devre "kapalı devre", anahtarın "kapalı" konumunda akım geçişi varken de devre "açık devredir".

Reed anahtar (Manyetik duyarlı)

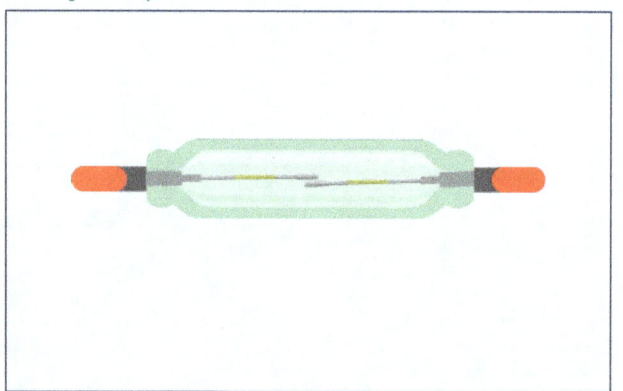

Reed anahtar manyetik alana maruz kalınca elektrik devrelerindeki akımı kesmeye ya da akımın bir iletkenden başka bir iletkene yön değiştirmesini sağlayan devre elemanıdır

Sigorta

Sigorta ve sigorta yuvası

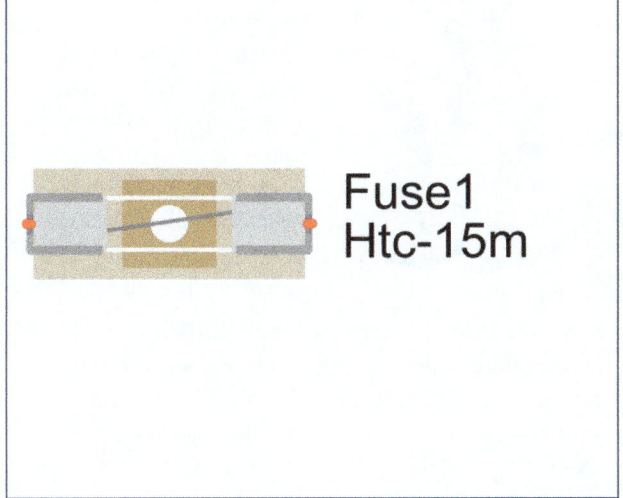

 Bir elektrik sigortası, alternatif ve doğru akım devrelerinde kullanılan cihazları ve bu cihazlara mahsus iletkenleri, aşırı akımlardan koruyarak devreleri ve cihazı hasardan kurtaran açma elemanlarına denir. Sigortalar evlerde, elektrik santrallerinde, endüstri tesislerinde, kumanda panolarında, elektrikle çalışan bütün aletlerde kullanılır.

Anten

Bir anten çeşidi

Anten, elektronikte, boşlukta yayılan elektromanyetik dalgaları toplayarak bu dalgaların iletim hatları içerisinde yayılmasını sağlayan (alıcı anten) veya iletim hatlarından gelen sinyalleri boşluğa dalga olarak yayan (verici anten) cihazlardır.

Antenler dalga boylarına göre boyutlanıp şekillenir ve genellikle dalga boylarına göre adlandırılırlar. GSM, wireless/kablosuz, radyo ve TV yayınları, kablosuz anons sistemleri, telsizler, radarlar, bluetooth cihazları gibi uzun ya da kısa mesafe erişimli tüm sistemler birer anten sistemine sahiptir.

Fiziki olarak anten, bir ya da birkaç kondüktörden oluşan düzenektir. Üzerine uygulanan enerjiyi manyetik alan enerjisi olarak ortama yayan anten aynı zamanda bunun tam tersi biçimde de çalışır.

Motor

Doğru akım (DC) motor

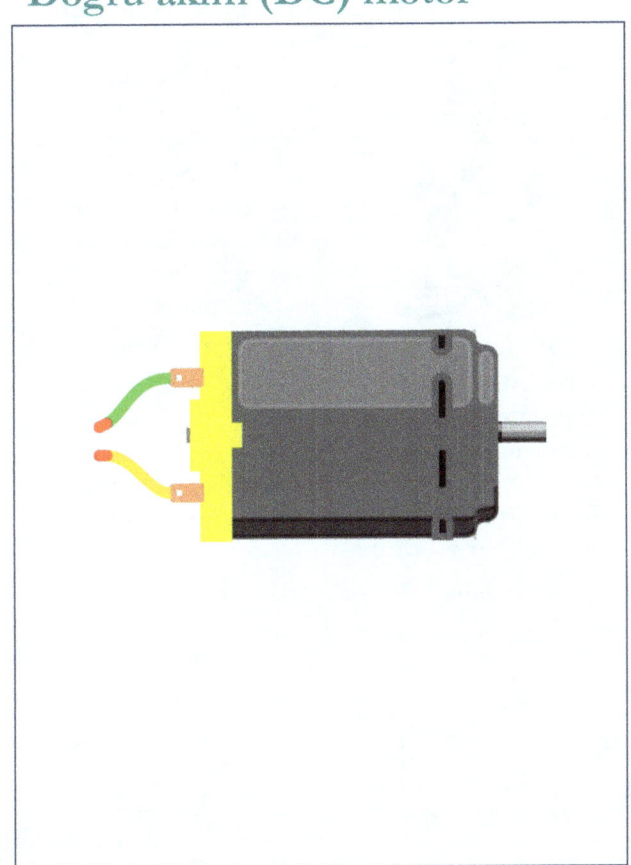

Elektrik motoru, elektrik enerjisini mekanik enerjiye dönüştüren aygıttır. Her elektrik motoru biri sabit (Stator) ve diğeri kendi çevresinde dönen (Rotor ya da Endüvi) iki ana parçadan oluşur. Bu ana parçalar, elektrik akımını ileten parçalar (örneğin: sargılar), manyetik akıyı ileten parçalar ve konstrüksiyon parçaları (örneğin: vidalar, yataklar) olmak üzere tekrar kısımlara ayrılır.

Bir DC motor, doğru elektrik akımı ile çalışmak üzere tasarlanmıştır. Saf DC tasarımlara iki örnek Michael Faraday'ın tek kutuplu motor (nadiren kullanılır) ve bilyeli yatak motor (orijinalden çok uzaktır). En yaygın türleri fırçalı ve fırçasız tiplerdir.

Güç kaynağı (Piller ve Pil Tutucuları)

3 Volt, 6 Volt, 4.8 Volt ve 9 Volt pilli güç kaynakları

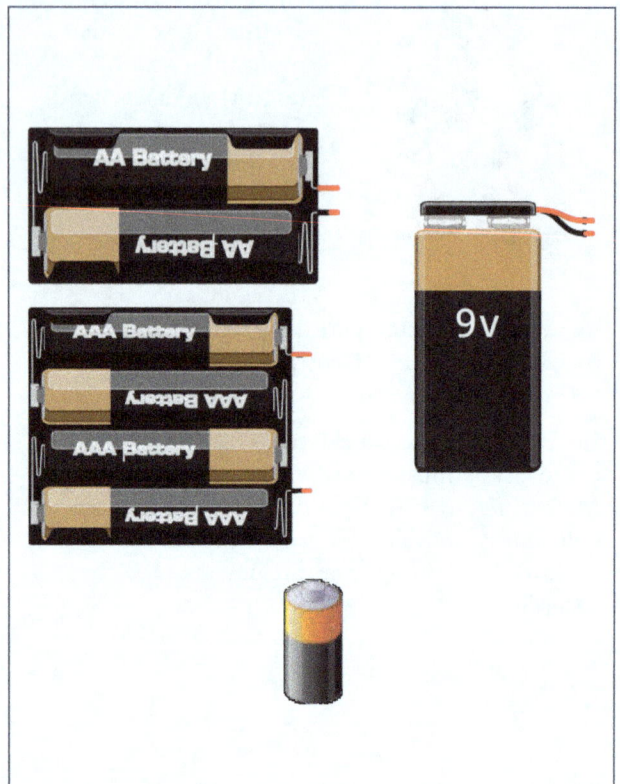

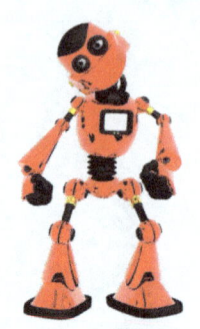

Pil, kimyasal enerjinin depolanabilmesi ve elektriksel bir forma dönüştürülebilmesi için kullanılan bir aygıttır. Piller, bir veya daha fazla elektrokimyasal hücre, yakıt hücreleri veya akış hücreleri gibi, elektrokimyasal aygıtlardan oluşur.

Güç kaynağı, bir sistem ya da düzeneğin gereksinimi olan enerjiyi sağlamak için kullanılan birimlerin genel adı. Cep telefonu ya da el feneri pili, bir pili doldurmak için kullanılan adaptör, bir bilgisayarın gereksinimi olan gücü üreten donanım birer güç kaynağıdırlar.

Devre içerisinde kullanılırken her zaman doğru yönde bağlanması gerekmektedir. Anot ve katot yönü çok önemlidir.

Devre Tahtası (Breadboard)

Tam boy devre tahtası

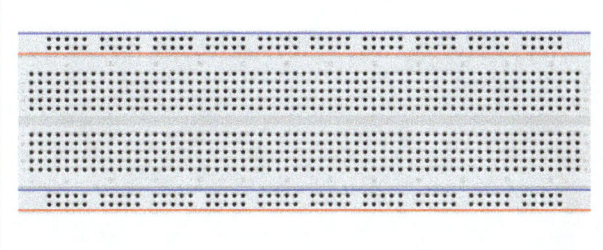

Yarım boy devre tahtası

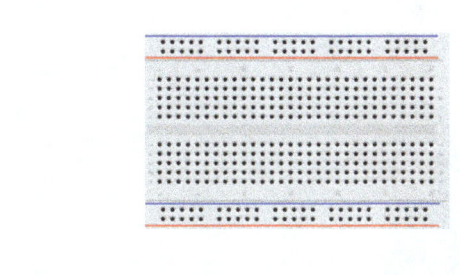

Devre tahtalarının içsel bağlantı yapısı (Yanlar paralel olarak, ortalar ise dikey birbirine bağlı)

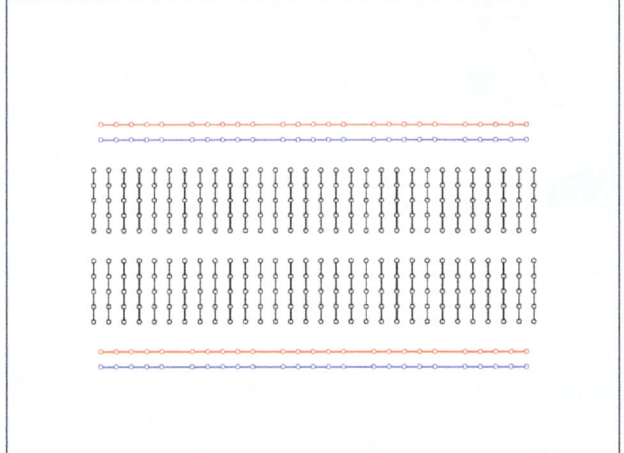

Yan tarafta da görüleceği üzere çeşitli türlerde deney platformları bulunmaktadır. Bu sayfada sadece iki türü yer almaktadır.

Kırmızı çizgi pozitif (+) kutup, mavi çizgi ise negatif (-) kutuptur.
Hem üstte hem de altta olmak üzere ikişerli olarak yer almaktadır. Devre tahtası ile projelerimizi lehim yapmadan kolayca kurabiliriz. Genel olarak içerisinde birbirine bağlı hatları barındıran devre tahtası üzerine elektronik bileşenleri yerleştirerek projelerimizi çalışır hale getirebiliriz. Devre tahtası üzerinde birbirine bağlantılı paralel hatlar bulundurur.

Örneğin soldaki resimde görülen tipik bir örnektir. Sol ve sağ yanlarda dikey olarak uzanan kırmızı ve mavi hatlar genellikle gerilim bağlantıları için kullanılır. Kırmızı hatta +, mavi hatta ise toprak hattını bağlayıp daha sonra devrenizin diğer bölümlerinde bu hatlar üzerinden gerilimlere ulaşabilirsiniz.

Orta bölümde bulunan 5'li delik gruplarının her biri kendi içerisinde bağlantılıdır. Yani kırmızı çizgi boyunca uzanan her bir delik kısa devre durumundadır. Dolayısıyla aynı sıradaki deliklere oturttuğunuz komponentler birbirine bağlanmış olur.

Deliklerin her biri A,B,C,D,E,F harfleriyle belirtilmiştir. Ayrıca sol taraftaki numaralar da delik gruplarını ifade etmektedir.

Şimdi de renk kodlarını, direnç ve kondansatörlerin değerlerini okumayı öğrenelim!

Direnç Renk Kodları

Direnç renk kodları, direncin değerini anlayabilmek amacıyla; üzerlerine çizilen renkli çizgilere verilen isimdir. Bu kodlar sayesinde, direncin ohm değeri öğrenilir.

Dirençler, devrelerdeki akımı azaltmak için kullanılır. Direncin birimi ohm (Ω)'dur. Devrelerdeki direnç değerleri birkaç ohm'dan milyonlarca ohm'a kadar değişebilir. Bir direncin değerini üzerindeki şeritlerden anlayabilirsiniz. Bunun için aşağıdaki renk kodunu kullanmanız gerekir. Dirençler 1000 (bin) büyür 1000 (bin) küçülür.

Direnç Renk Kodlarının Okunması

İlk iki şerit size direnç değerinin ilk iki rakamını verir. Üçüncü şerit, bu rakamlara kaç tane sıfır ekleyeceğinizi gösterir. Dördüncü şerit ise toleransı ifade eden renktir.

Renk	1. band	2. band	3. band (çarpan)	4. band (tolerans)	Geçici Katsayı
Siyah	0	0	$\times 10^0$		
Kahverengi	1	1	$\times 10^1$	$\pm 1\%$ (F)	100 ppm
Kırmızı	2	2	$\times 10^2$	$\pm 2\%$ (G)	50 ppm
Turuncu	3	3	$\times 10^3$		15 ppm
Sarı	4	4	$\times 10^4$		25 ppm
Yeşil	5	5	$\times 10^5$	$\pm 0.5\%$ (D)	
Mavi	6	6	$\times 10^6$	$\pm 0.25\%$ (C)	
Mor	7	7	$\times 10^7$	$\pm 0.1\%$ (B)	
Gri	8	8	$\times 10^8$	$\pm 0.05\%$ (A)	
Beyaz	9	9	$\times 10^9$		
Altın			$\times 10^{-1}$	$\pm 5\%$ (J)	
Gümüş			$\times 10^{-2}$	$\pm 10\%$ (K)	
Yok				$\pm 20\%$ (M)	

Yukarıdaki tablonun kolay ezberlenmesi açısından bir heceleme geliştirilmiştir.

Burada dikkat edeceğiniz gibi ilk iki kelimenin sessiz harfleri sırası ile renk kodlarını (Siyah, Kahverengi, Kırmızı, Turuncu, Sarı, Yeşil, Mavi Mor, Gri, Beyaz), son iki kelimenin baş harfleri ise Altın ve Gümüş'ü anımsatmak için kullanılmıştır. S K K T S Y M M G B – FORMÜL BU.

Örnek Dirençler ve Renk Kodları

Kahverengi (1) – Siyah (0) – Yeşil (x100000) – Altın 1 MΩ ± 5% (1 Mega Ohm)	
Kırmızı (2) – Kırmızı (2) – Turuncu (x1000) – Altın 22 kΩ ± 5% (22 Kilo Ohm)	
Sarı (4) – Mor (7) – Kahverengi (x10) – Altın 470 Ω ± 5% (470 Ohm)	
Mavi (6) – Gri (8) – Turuncu (x1000) – Altın 68 kΩ ± 5% (68 Kilo Ohm)	
Mavi (6) – Gri (8) – Siyah (x1) – Altın (± 5%) 68 Ω ± 5% (68 Ohm)	

Kondansatörler ve Kondansatör Kapasite Değerleri

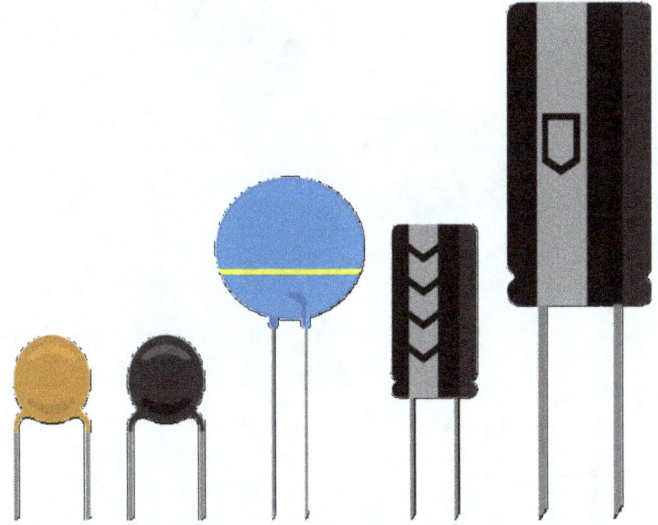

Resimde farklı boyut ve kapasitelerde kondansatör çeşitleri görülmektedir.
Kondansatör, elektronların kutuplanarak elektriksel yükü elektrik alanın içerisinde depolayabilme özelliklerinden faydalanılarak, bir yalıtkan malzemenin iki metal tabaka arasına yerleştirilmesiyle oluşturulan temel elektrik ve elektronik devre elemanı. Piyasada kapasite, kapasitör, sığaç gibi isimlerle anılan kondansatörler, 18. yüzyılda icat edilip geliştirilmeye başlanmış ve günümüzde teknolojinin ilerlemesinde büyük önemi olan elektrik–elektronik dallarının en vazgeçilmez unsurlarından biri olmuştur. Elektrik yükü depolama, reaktif güç kontrolü, bilgi kaybı engelleme, AC/DC arasında dönüşüm yapmada kullanılırlar ve tüm entegre elektronik devrelerin vazgeçilmez elemanıdırlar. Kondansatörlerin karakteristikleri olarak;
- plakalar arasında kullanılan yalıtkanın cinsi,
- çalışma ve dayanma gerilimleri,
- depolayabildikleri yük miktarı

sayılabilir. Bu kriterler göz önünde bulundurulduktan sonra gereksinime uygun olan kondansatör tercih edilir. Kondansatörlerin fiziksel büyüklükleri, çalışma gerilimleri ve depolayabilecekleri yük miktarına bağlıdır. Tasarım açısından ise çeşitliliği çoktur, pek çok boyut ve şekilde kondansatör temin edilebilir.

Kondansatör Kapasite Değerinin Okunması

Şekilde, 470 mikrofarad kondansatör görülmektedir. Yan tarafında büyük eksi (-) işareti ile negatif kutbu da belirtilmiştir.

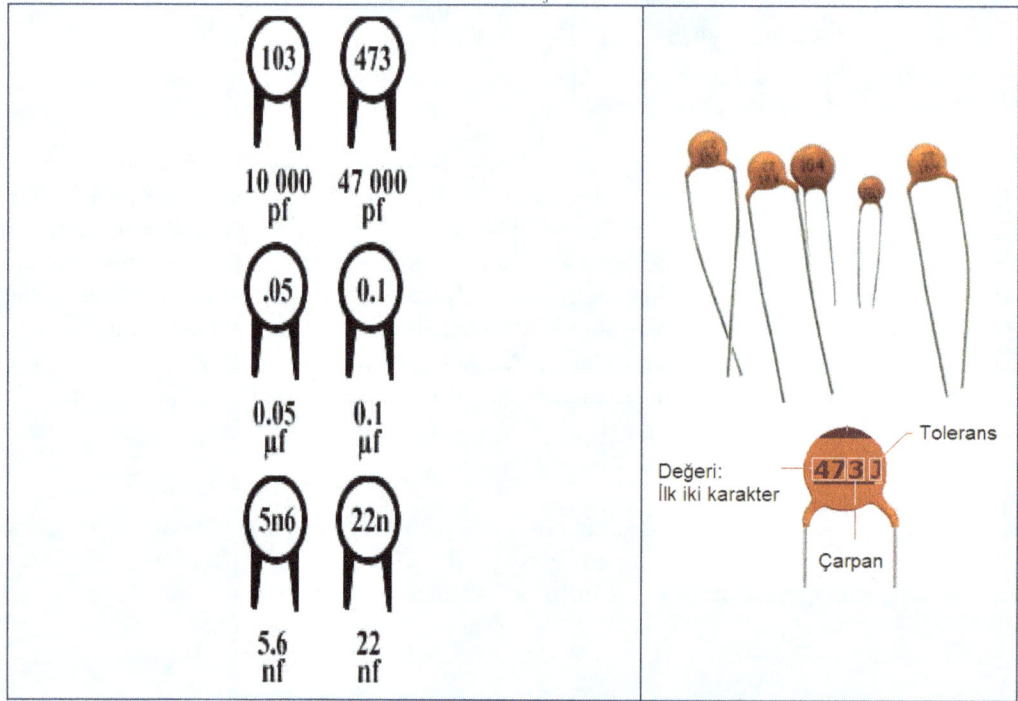

Kapasite, kondansatör üzerindeki rakam kodlarından hesaplanabilir.

Üstteki iki kondansatörün çalışma değerleri
Mavi: 400 Volt – 2.2 mikroFarad = *2.2 µF*
Sarı: 222J = 2200 pikoFarad ± % 5 = *2.09 nF < C < 2.31 nF*

Kondansatörlerde temel olarak iki değişken, tüketici için seçme olanağı sunar ve kondansatörler arasındaki farkları oluşturur. Bunlar, kondansatörün çalışma – dayanma gerilim değeri ve depolayabileceği yük miktarıdır ve bunlar her kondansatörün üzerinde belirtilmiş olmak zorundadır. Kimi kondansatörlerin üzerinde çalışma değerleri doğrudan yazılı iken kiminde rakamlar ve renkler kullanılır. Direkt değerleri yazılı olanlar kolay okunmasına karşın, rakam ve renk kodlu olanların okunması belli standartlara bağlıdır.

Şimdi, temel elektronik bileşenlerin;

- Tiplerini,
- Türlerini,
- Değerlerini,
- Kutuplarını,
- Yönlerini,

Doğru olarak okuyabiliyor ve ayırt edebiliyor musunuz? Ayrıntılara çok dikkat etmek gerekiyor. Henüz emin değilseniz, başa dönüp dikkatle tekrarlayalım.

Devre tahtasının iç bağlantı yapısını şimdi tekrar inceleyelim

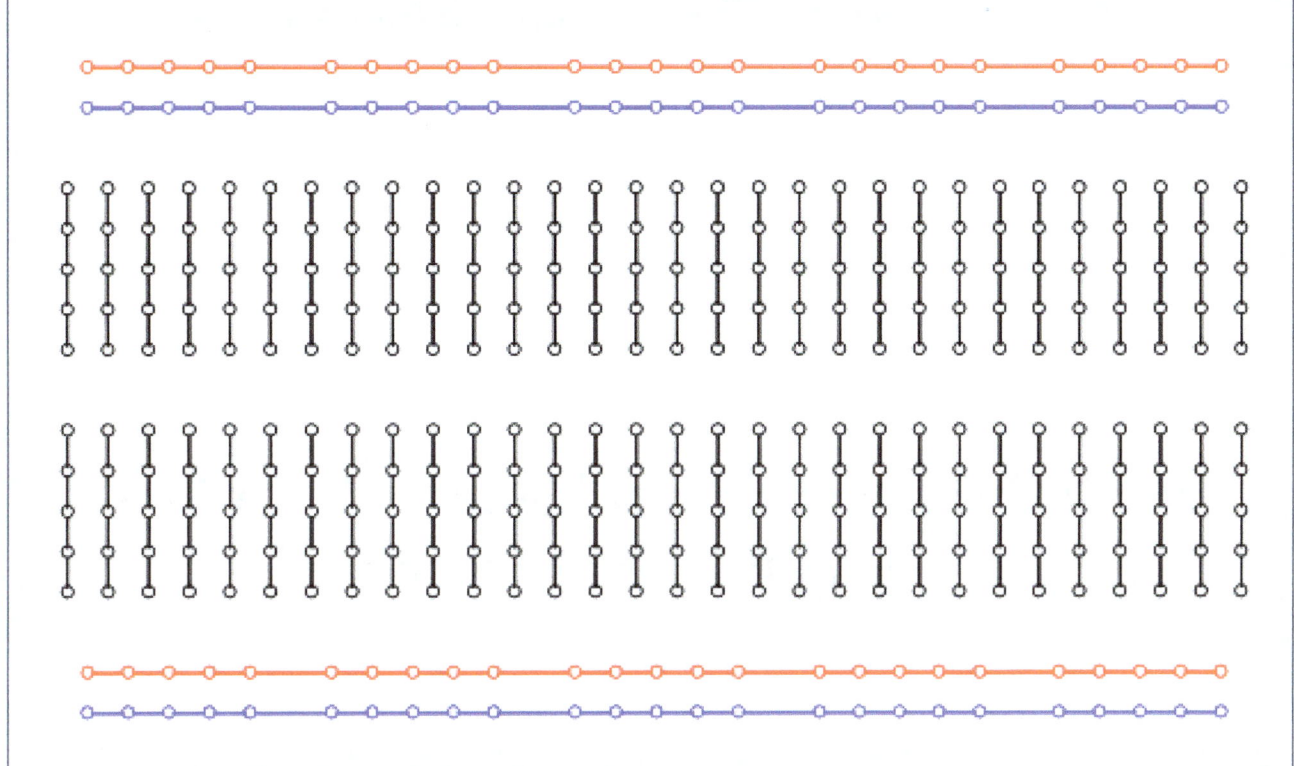

Kırmızı: Pozitif kutup (+)
Mavi: Negatif kutup (−)

Devre Tahtası Üzerindeki Bileşenlerin Doğru ve Yanlış Bağlantı Örnekleri

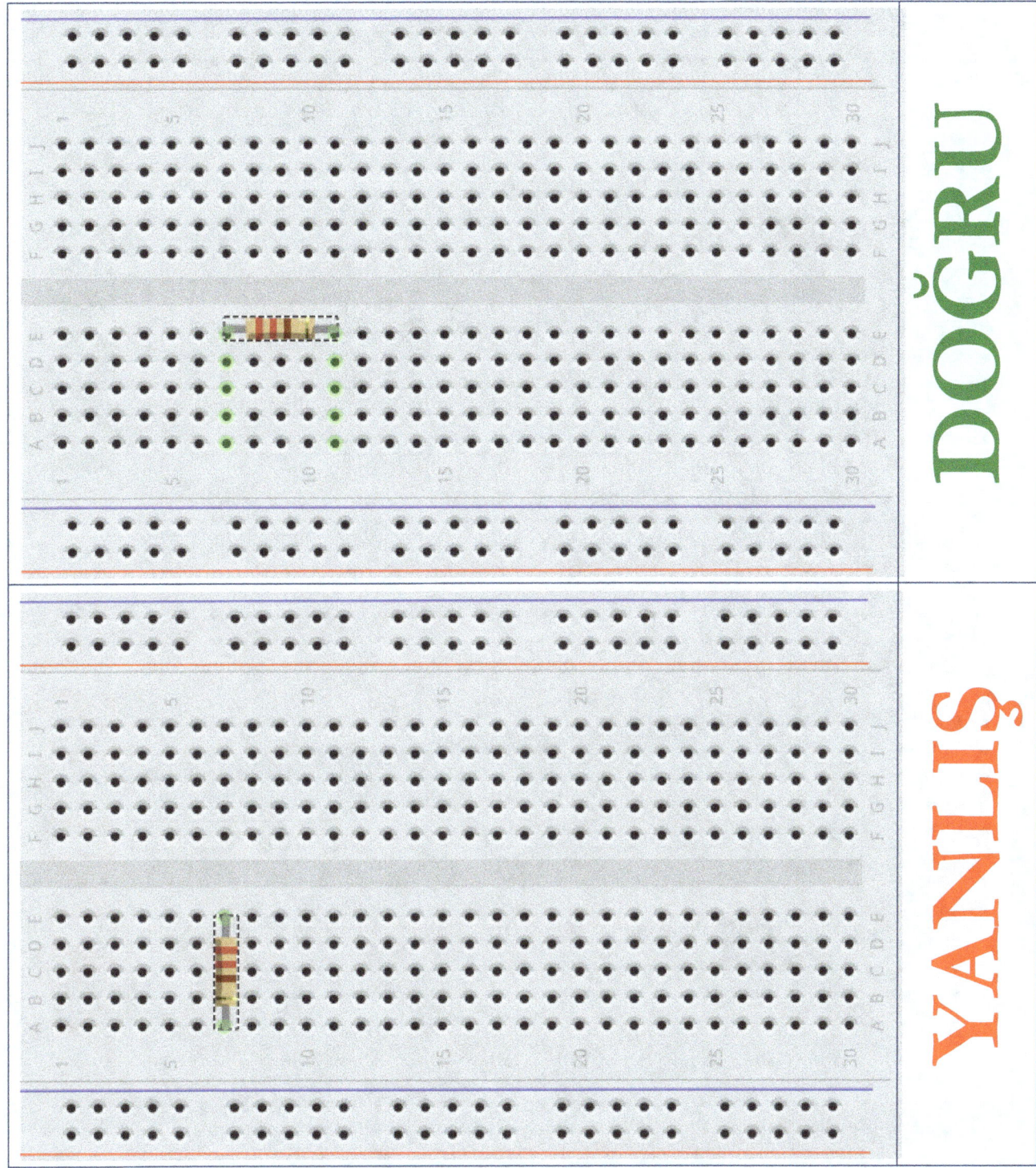

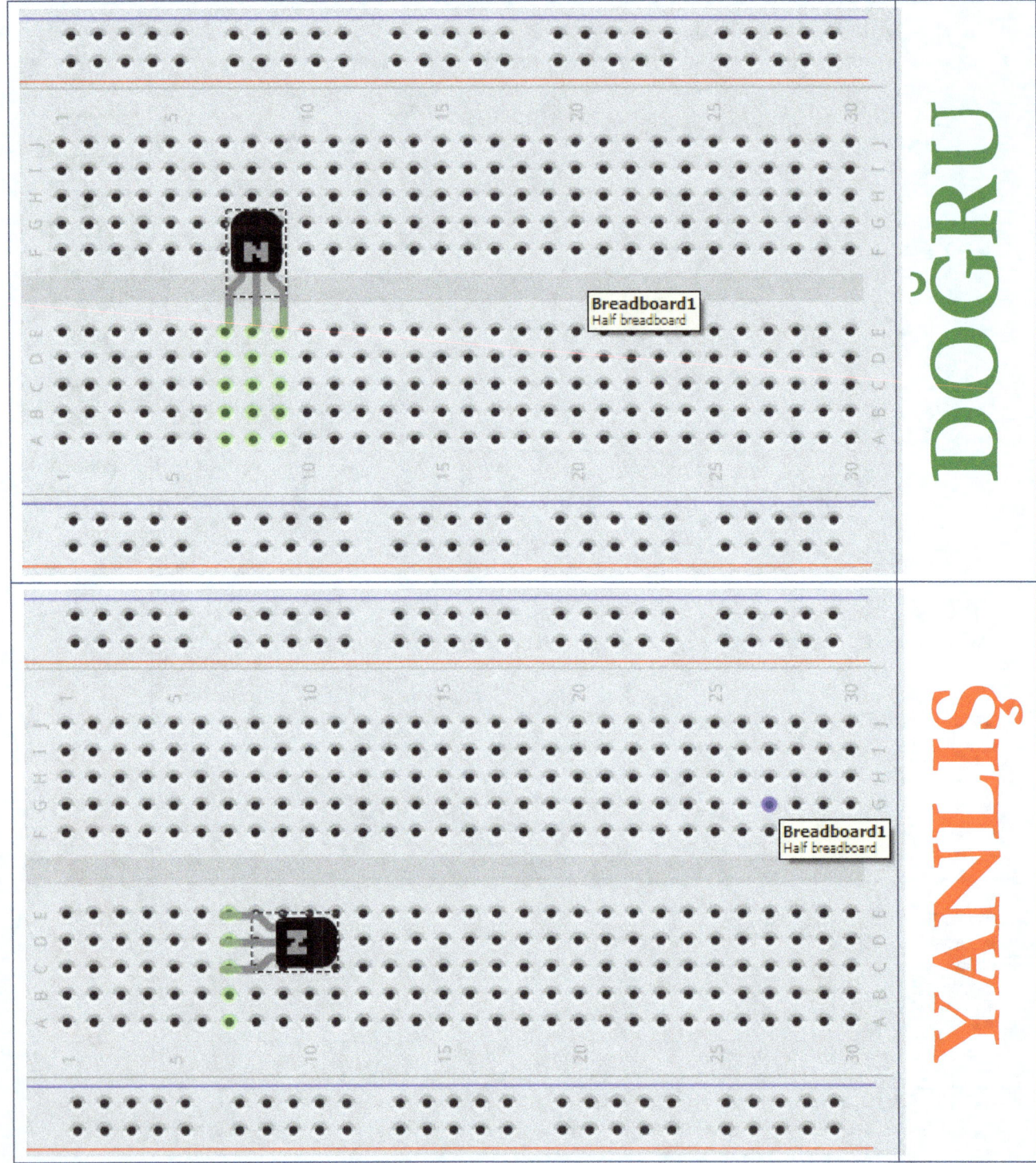

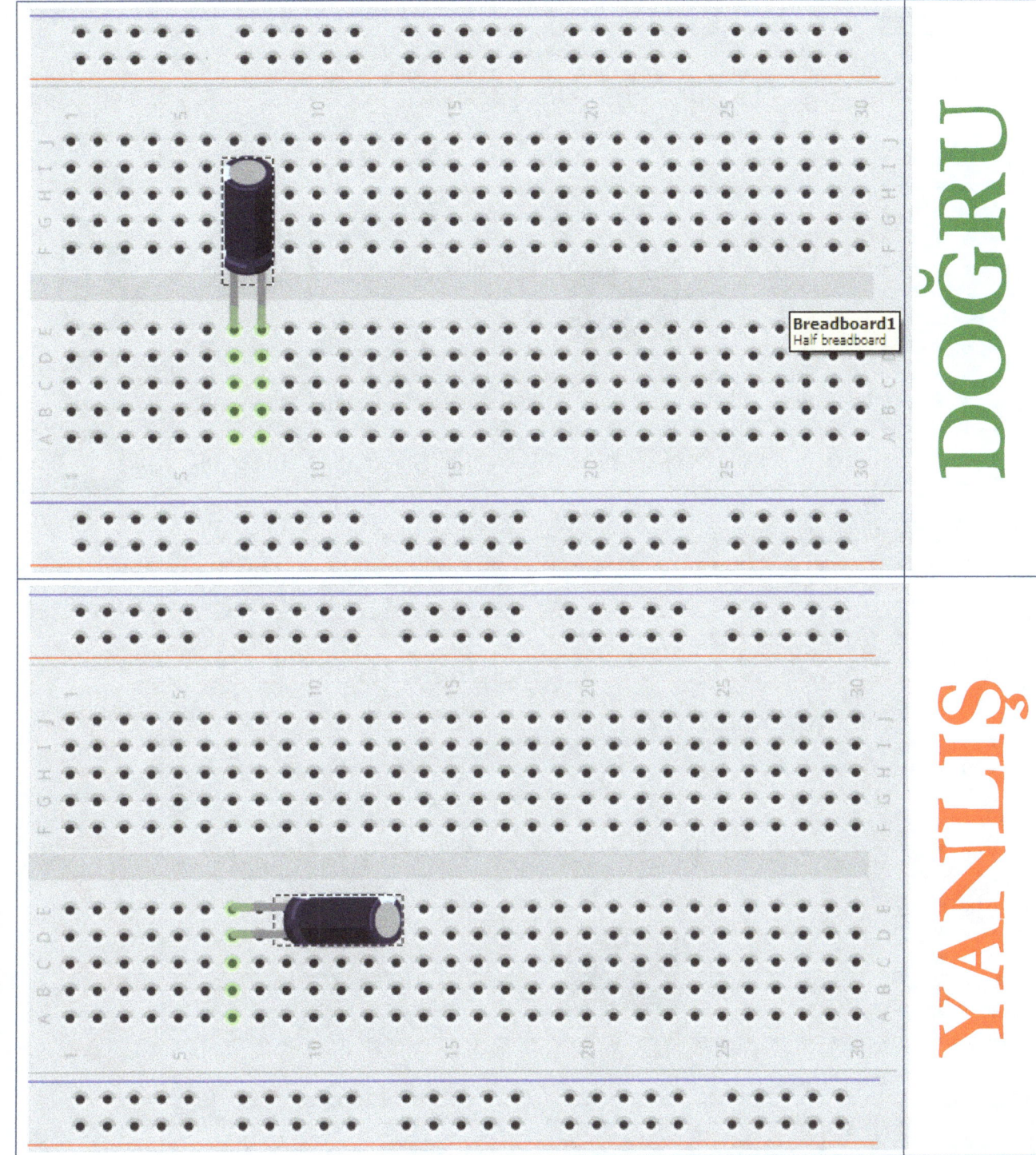

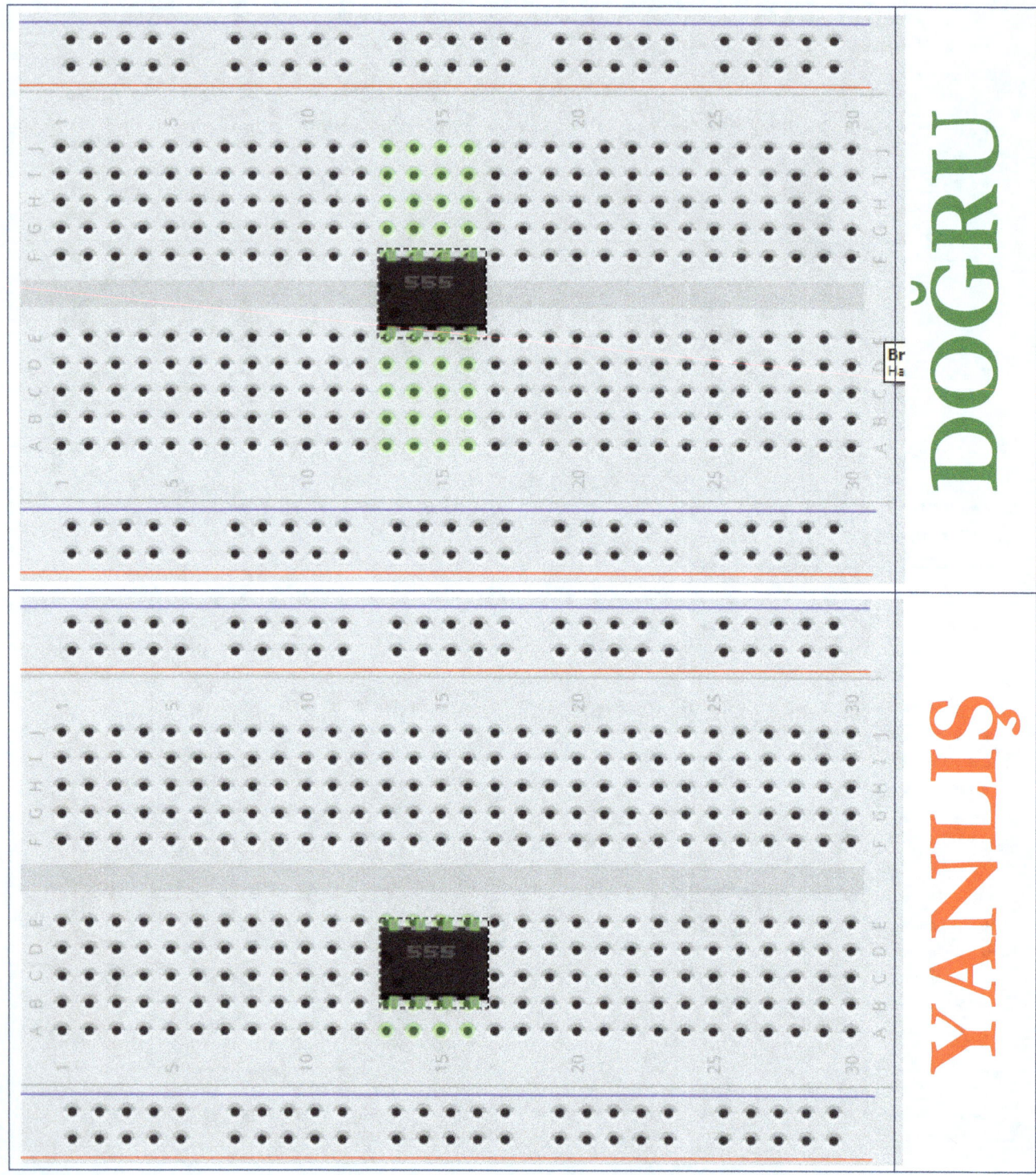

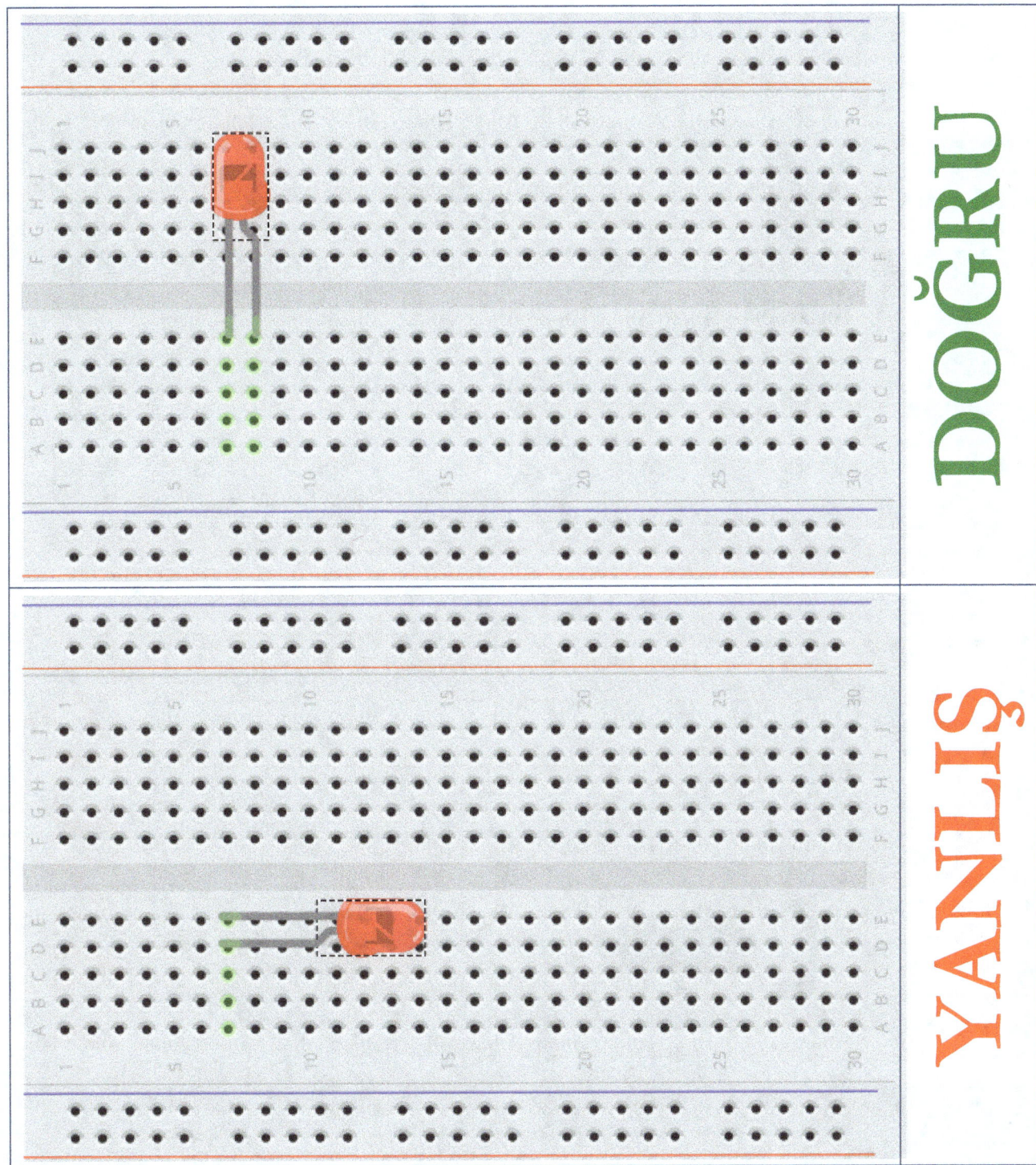

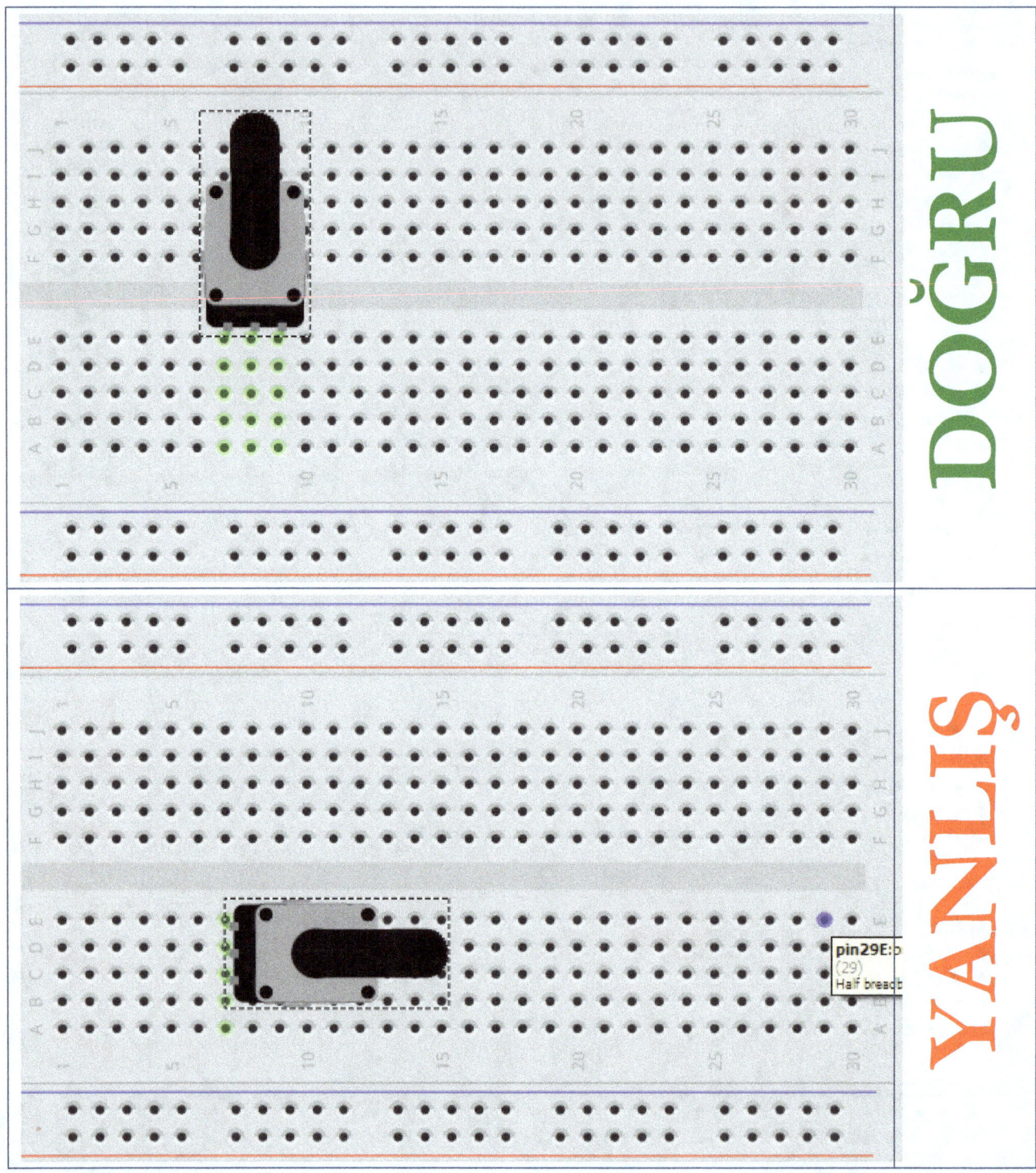

DOĞRU

YANLIŞ

DOĞRU

YANLIŞ

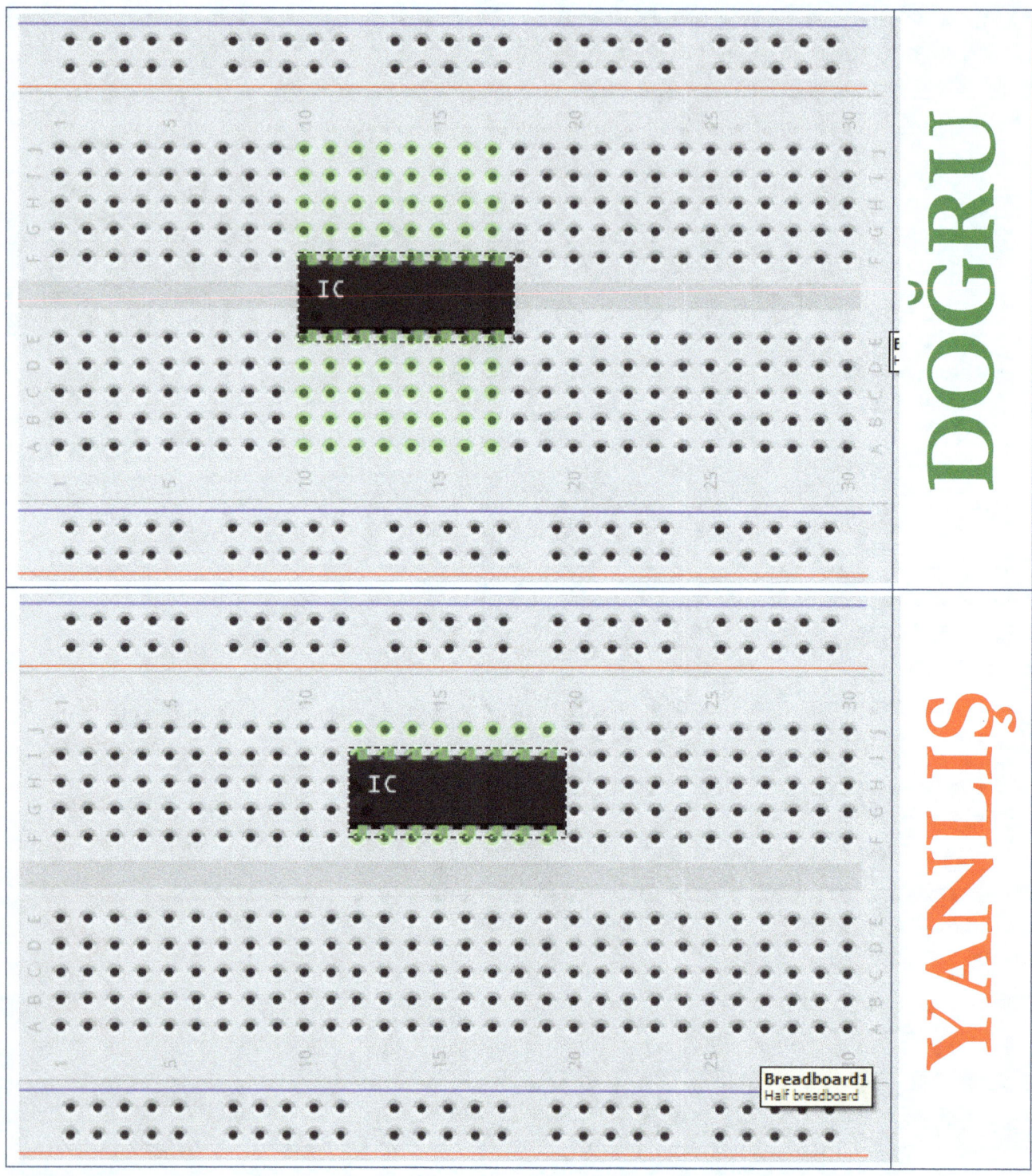

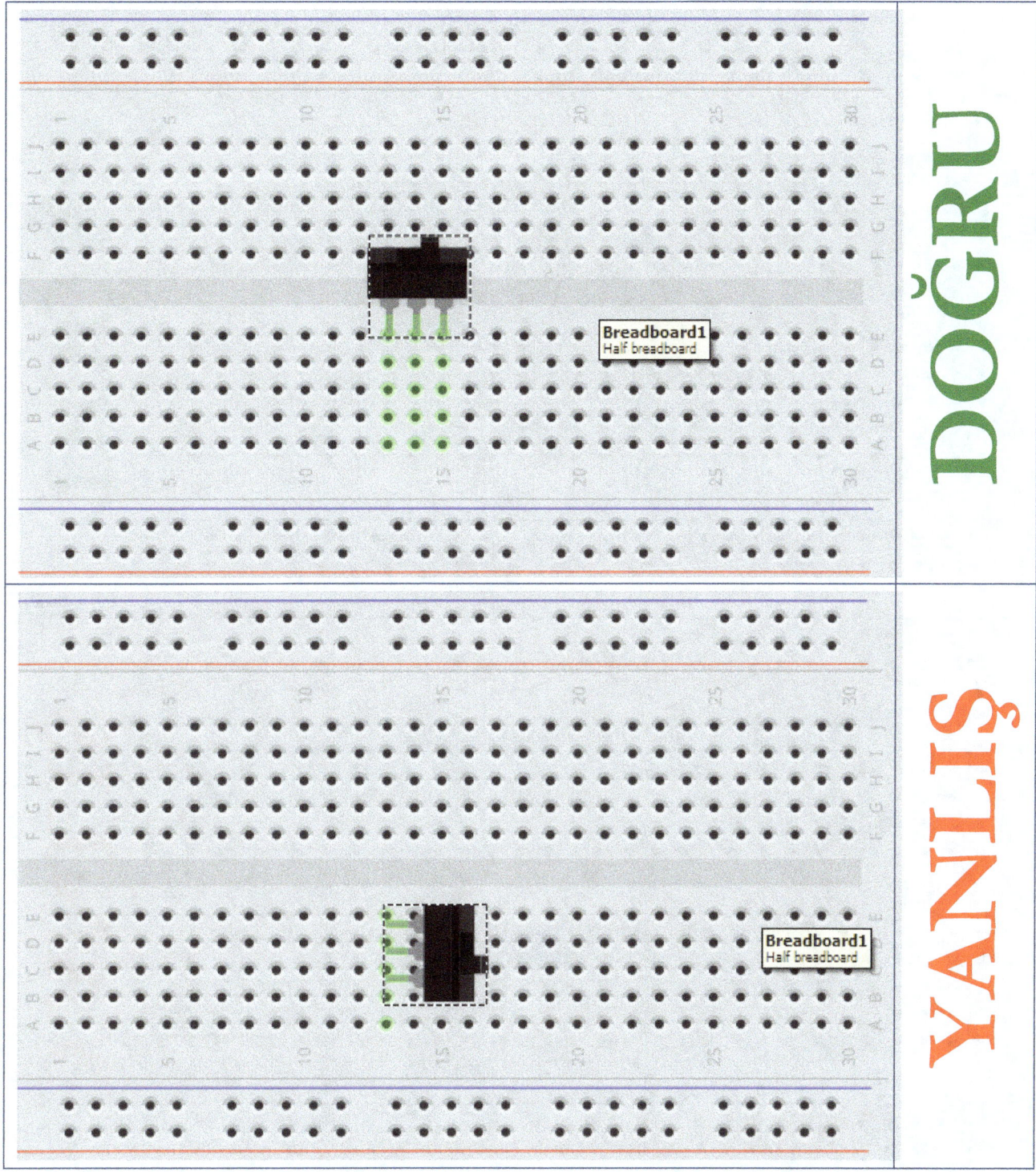

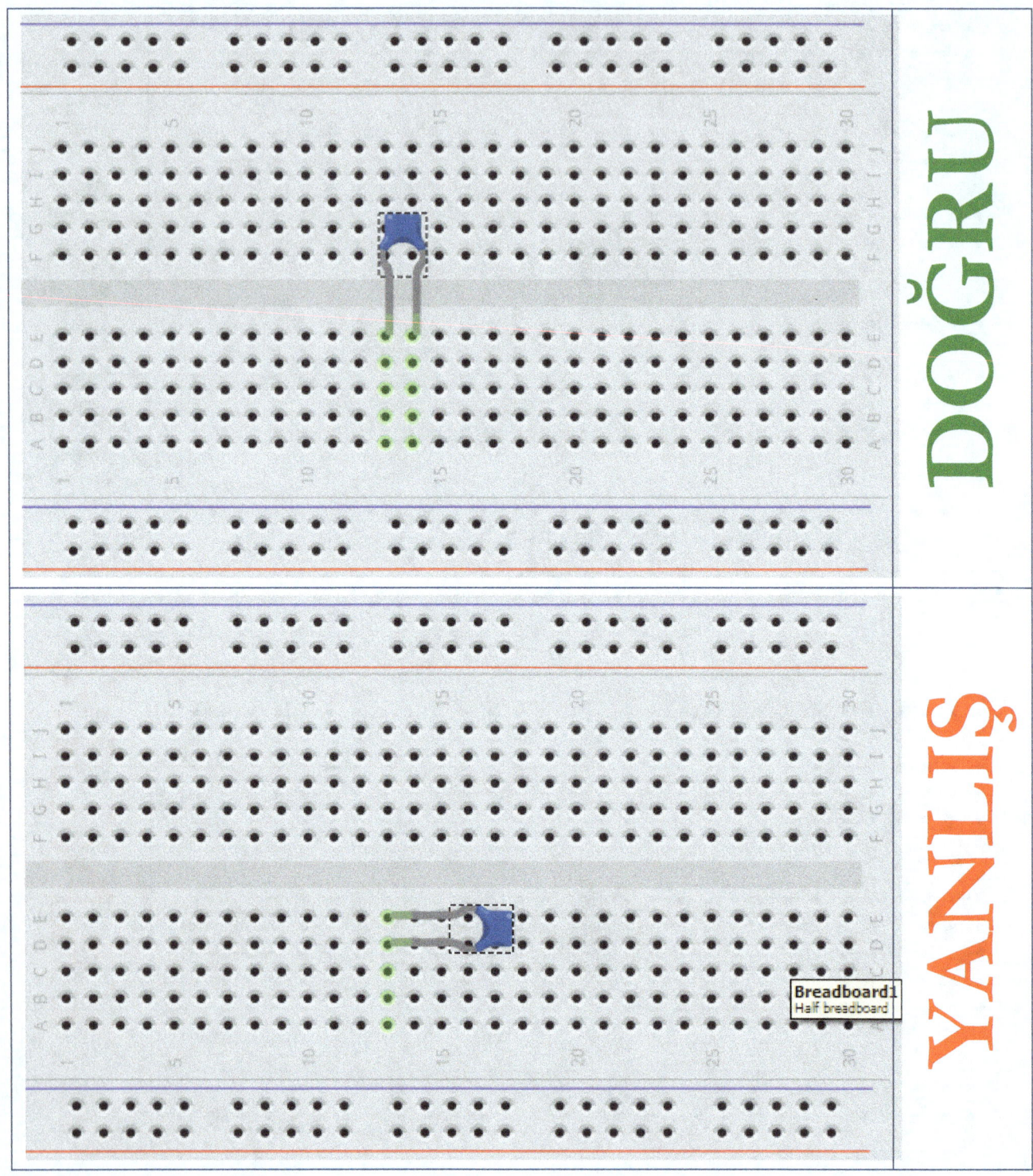

DOĞRU

YANLIŞ

Uyarılar

- Hatalı bağlantı yapılması durumunda, hassas devre elemanları olan, özellikle yarı iletken entegre devreler, transistörler, LEDler vb gibi devre elemanları anında yanıp, bozulabilirler.

Bölüm III – Arduino'yu Programlama

Bilgisayarınıza Arduino IDE Kurulumu

- Öncelikle, **www.arduino.cc** adresinden "*Download*" linkine tıklayarak Arduino kurulum dosyasını indiriniz.
- İsterseniz dosyayı indirmeden önce size sorulan "*Contribute and Download*" butonu ile Arduino topluluğuna bağış yapabilir, isterseniz "*Just Download*" linkine tıklayarak Arduino IDE'yi bilgisayarınıza ücretsiz olarak indirebilirsiniz.
- Bilgisayarınıza indirdiğiniz dosyayı çalıştırarak kurulumu başlatınız.

Arduino IDE'nin Kurulum Aşamaları:

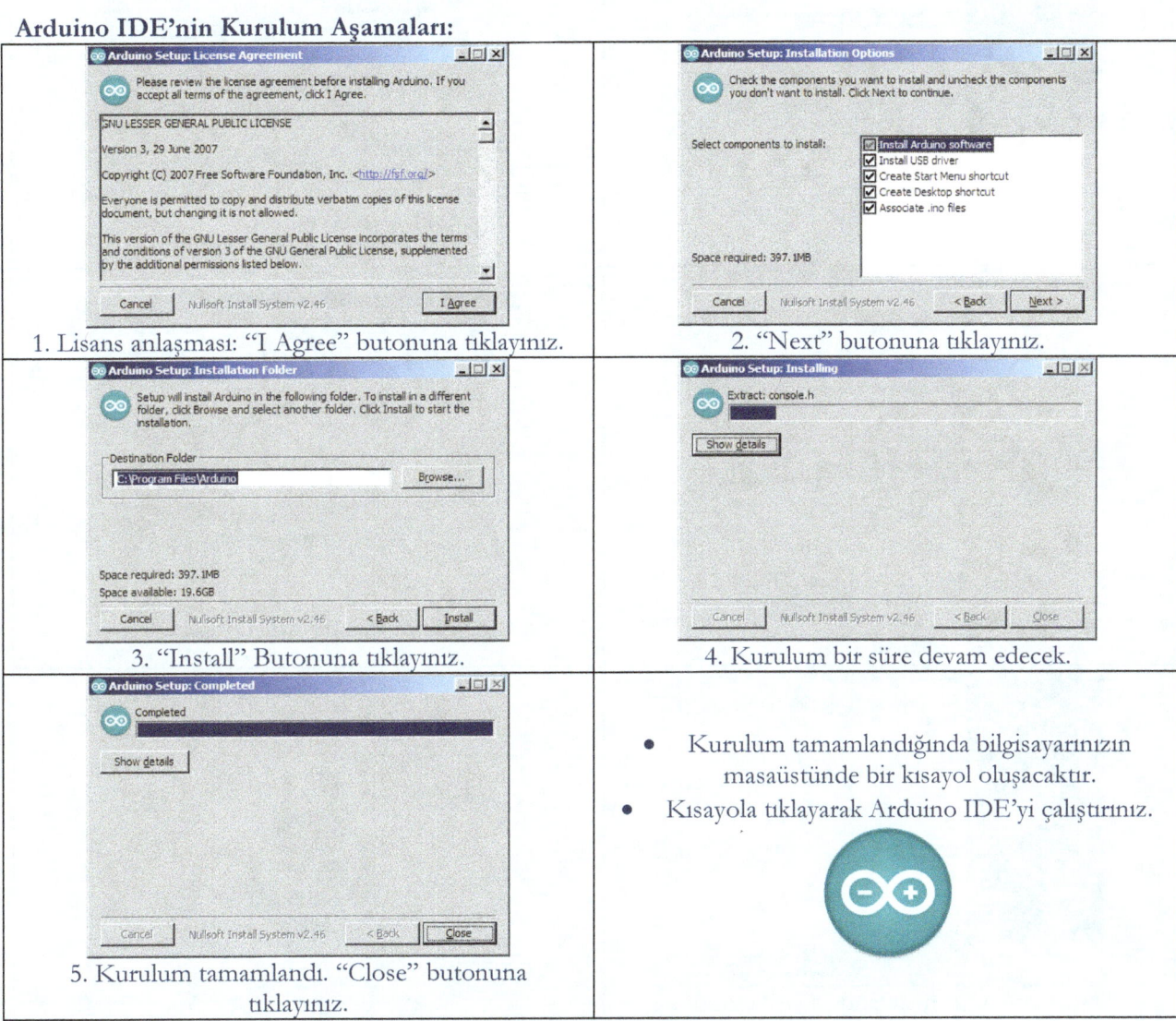

Bilgisayarınıza Arduino USB Sürücüsü Kurulumu

- Eğer Arduino'ya USB kablosunu bağladığınızda USB sürücüsü otomatik olarak yüklenmediyse, aşağıdaki basamakların uygulanması gereklidir.

Arduino USB Sürücüsü Kurulum Aşamaları:

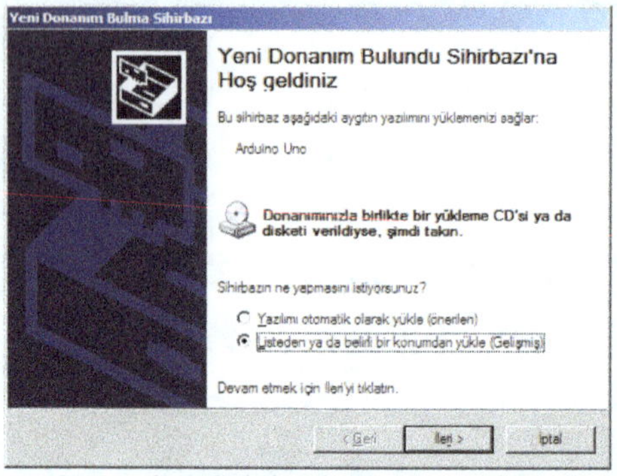

1. *"Listeden ya da belirli bir konumdan yükle (Gelişmiş)"* seçiniz.	2. *"Arama şu konumu içersin"* seçiniz. Gözat butonu ile şu klasörü seçiniz: *C:\Program Files\Arduino\drivers\FTDI USB Drivers*
3. Eğer bu ekran gelirse *"Devam Et"* Butonuna tıklayınız.	4. Kurulum kısa bir süre devam edecek.
5. USB Kurulum tamamlandı. *"Son"* butonuna tıklayınız.	- Arduino USB Sürücüsü başarıyla kuruldu.

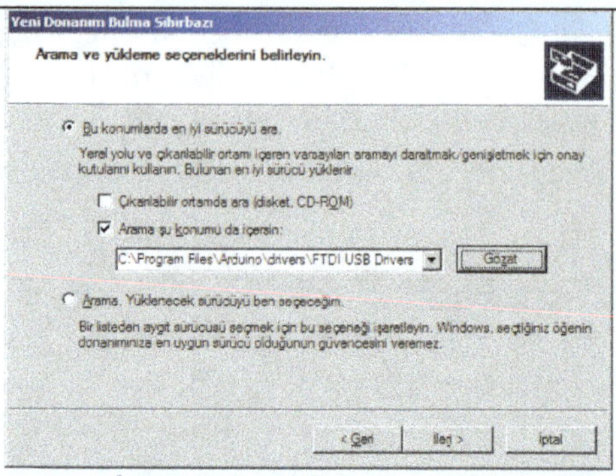

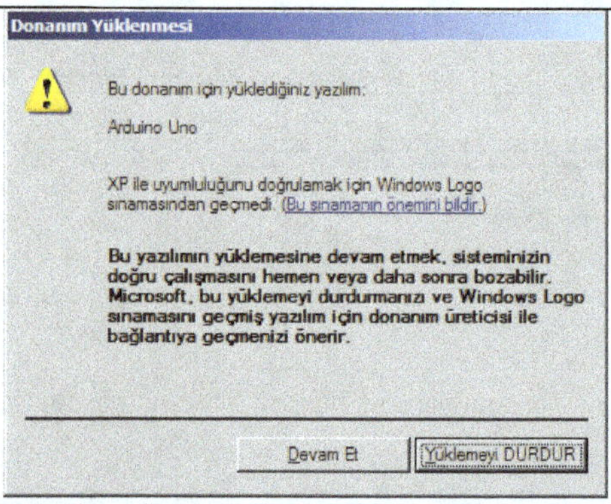

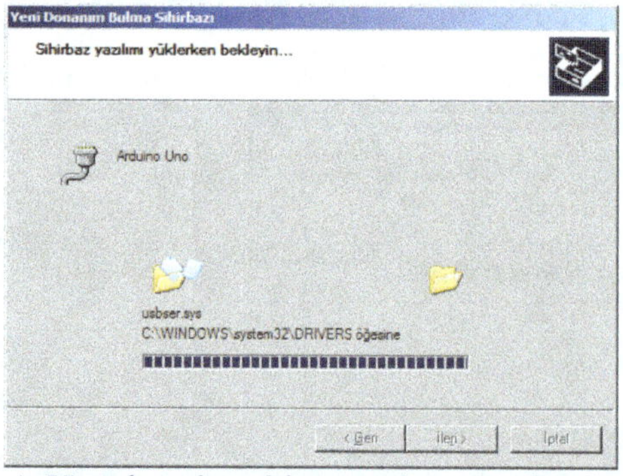

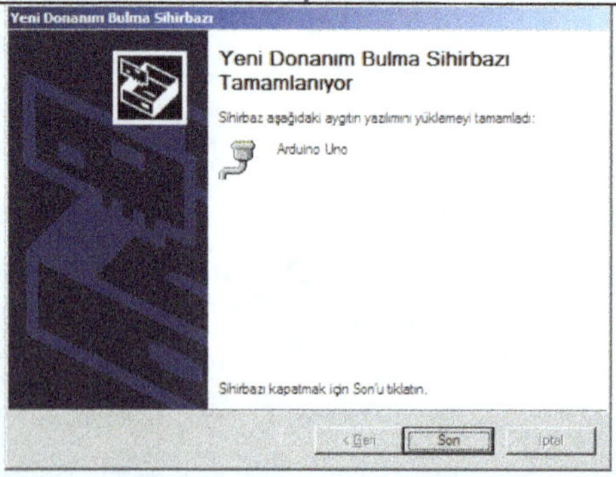

Arduino IDE'ye (Yazılım Geliştirme Platformu) – Genel Bakış

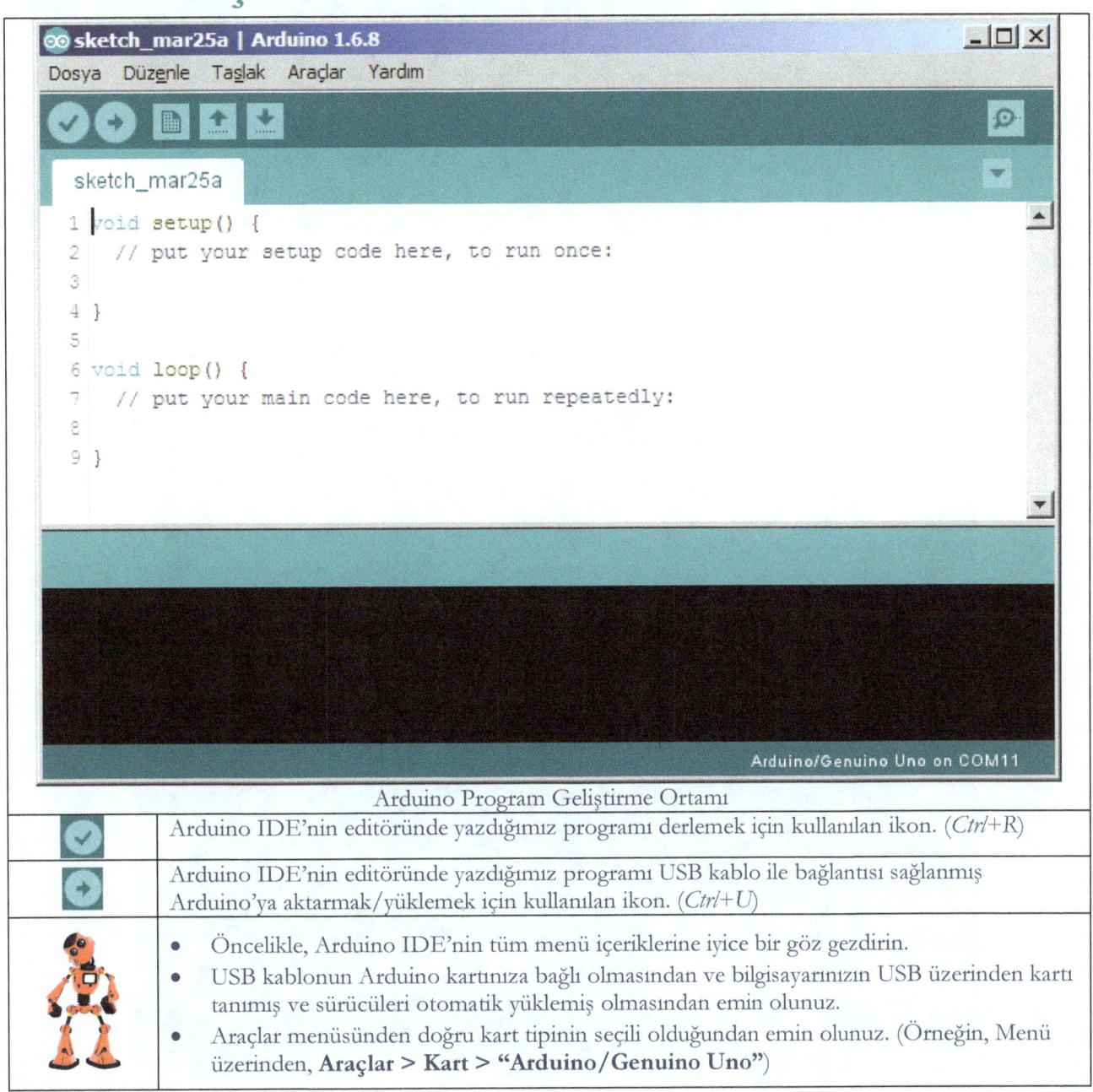

Arduino Program Geliştirme Ortamı

	✓	Arduino IDE'nin editöründe yazdığımız programı derlemek için kullanılan ikon. (*Ctrl+R*)
	→	Arduino IDE'nin editöründe yazdığımız programı USB kablo ile bağlantısı sağlanmış Arduino'ya aktarmak/yüklemek için kullanılan ikon. (*Ctrl+U*)
	🤖	• Öncelikle, Arduino IDE'nin tüm menü içeriklerine iyice bir göz gezdirin. • USB kablonun Arduino kartınıza bağlı olmasından ve bilgisayarınızın USB üzerinden kartı tanımış ve sürücüleri otomatik yüklemiş olmasından emin olunuz. • Araçlar menüsünden doğru kart tipinin seçili olduğundan emin olunuz. (Örneğin, Menü üzerinden, **Araçlar > Kart > "Arduino/Genuino Uno"**)

Arduino UNO (Temsili Genel Görünümü)

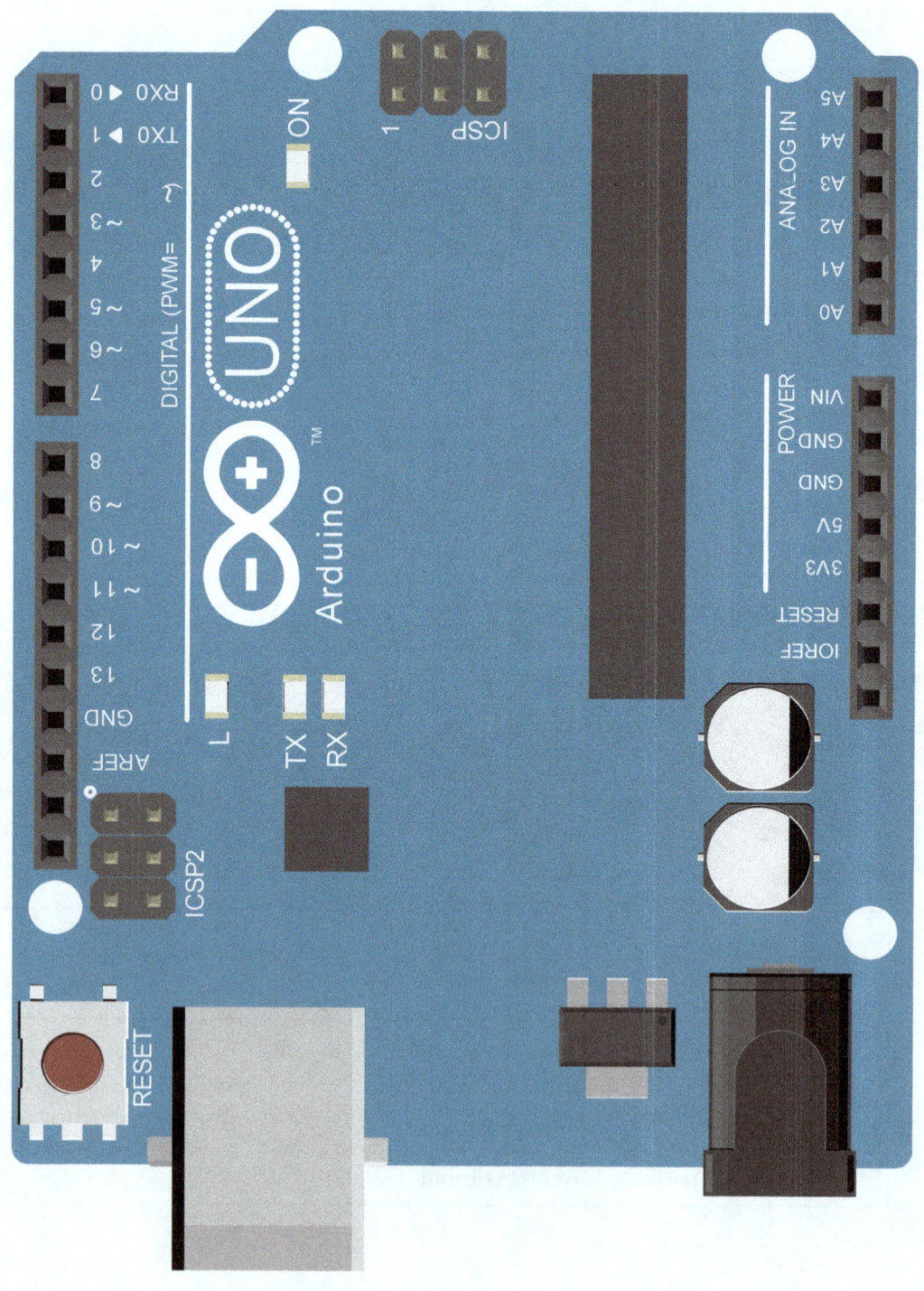

Arduino UNO (Pinler)

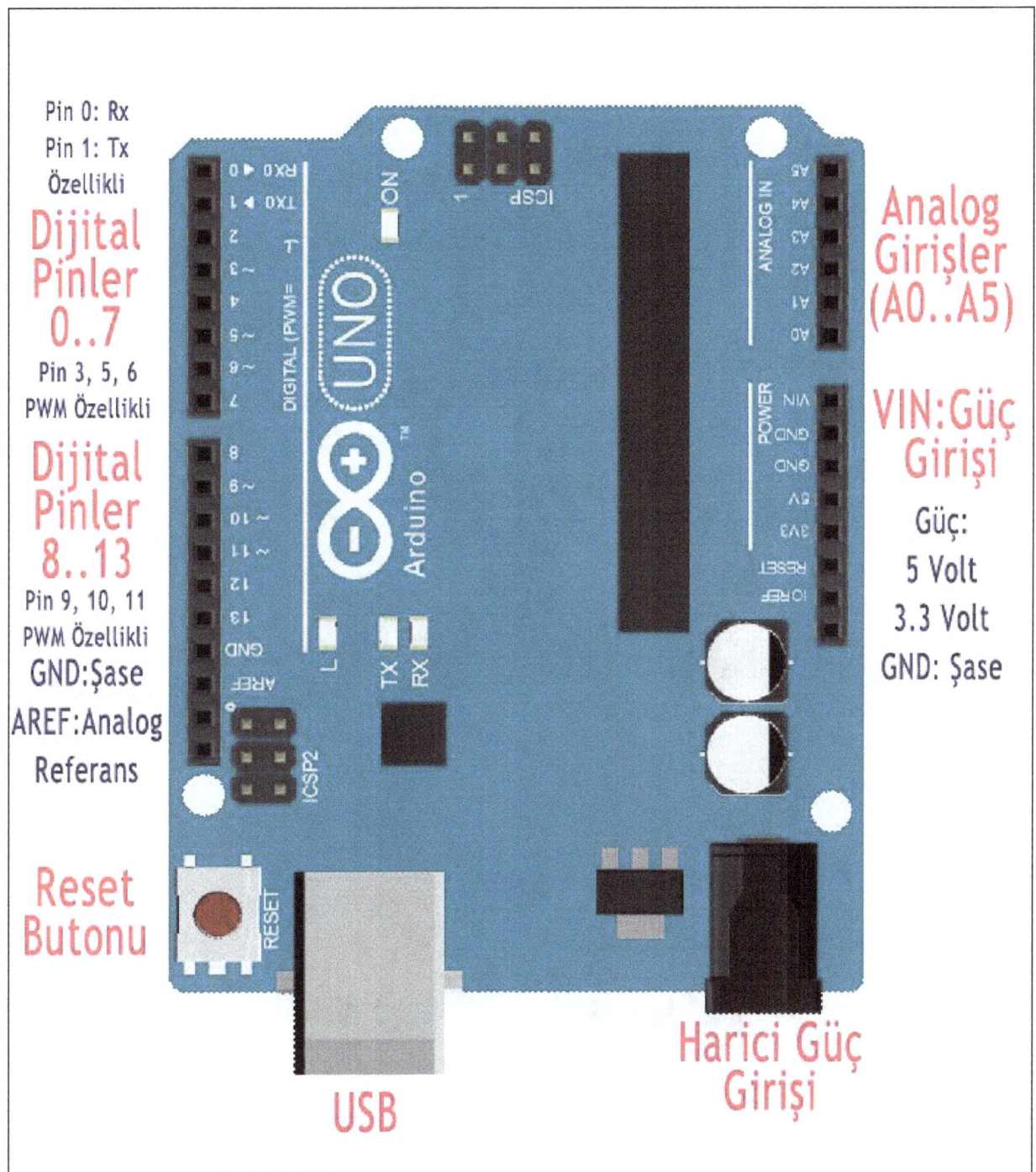

Not: USB Kablo bilgisayarınıza ve Arduino kartınıza bağlı ise ilave herhangi güç girişi yapılmaz. Bu durumda, Arduino gücü USB üzerinden sağlanır.

Buraya kadar tüm konular tam olarak iyice kavranıldıysa, projeler şimdi başlıyor!

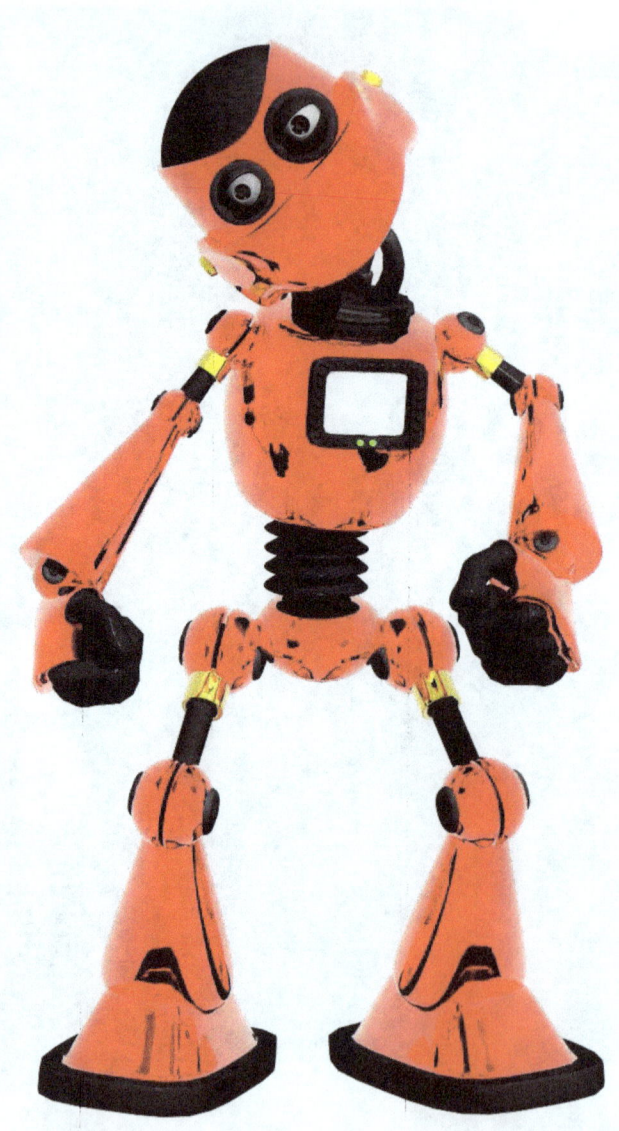

Bölüm IV – Arduino Projeleri

1. Işıklı (LED) Projeleri

Proje 1 – Yanıp Sönen LED

Amaç
- LED ışığı program kodu içerisinde belirlenen süre kadar (1 saniye) yanar ve belirlenmiş olan süre kadar (1 saniye) sönük kalır. Bu döngü sürekli olarak tekrarlanır.

Uyarılar
- Arduino pinlerinin devre tahtasında doğru olarak bağlanmış olduğundan emin olunuz.
- LED'in bağlantı yönü, pozitif ve negatif kutupları (Anot/Katot) önemlidir. LED ters bağlanırsa çalışmayacaktır.
- LED'i her zaman bir direnç (örn. 220 Ohm) kullanarak bağlayınız. LEDler her zaman dirençler ile birlikte kullanılmalıdır. Çünkü LED üzerinden geçecek olan akım sınırlandırılmalıdır. Aksi halde LED kullanılamaz hale gelir, bozulur.
- Arduino pinlerinin hatalı bağlanması durumunda Ardunio pinleri yanabilir ve hatta Arduino kartınız kullanılamaz hale gelebilir.
- USB kablosu Arduino kartınıza bağlıysa, Arduino kartınıza ek güç sağlamanıza gerek yoktur.
- USB kablosu ile yapılan bağlantı, hem Arduino IDE'de derlemiş olduğunuz programı Arduino'ya aktarmanıza, hem de Arduino kartınıza güç sağlaması amacıyla kullanılmaktadır.

Kullanılacak olan malzemeler listesi

Elektronik Bileşen Adı	Türü/Değeri	Miktar
Direnç	220 Ohm	1 adet
LED	Kırmızı LED	1 adet

Hatırlatma – Program Kodunun Yazılması, Derlenmesi ve Arduino'ya Aktarılması

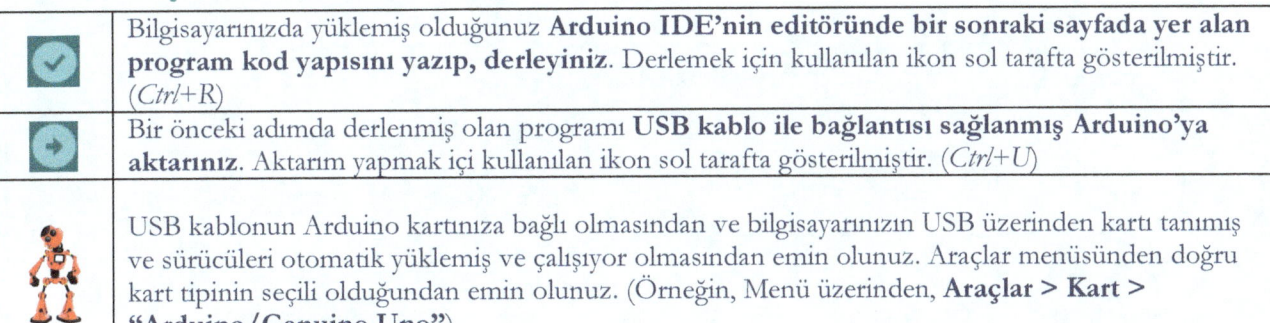

Program Kod Yapısı

```
/*
Buradaki setup fonksiyonu reset/güç butonuna basıldığında
ya da sisteme ilk enerji verildiğinde sadece bir defa çalışır.

Arduino programlarında dikkat edecek olursanız
setup() ve loop() temel fonksiyonları her zaman bulunur.

"BÜYÜK ve küçük harf" kullanımına özen gösteriniz. Aksi halde
programınız derlenmeyecek ve çalışmayacaktır.

Açık parantez "(" ve kapalı parantez ")" lere çok dikkat ediniz.
Aksi halde programınız derlenmeyecek ve çalışmayacaktır.

Aynı şekilde açık kıvrımlı parantezlere "{" ve kapalı kıvrımlı
parantez "}" lere çok dikkat ediniz. Aksi halde programınız
derlenmeyecek ve çalışmayacaktır.

Noktalı virgül ";" ile komutların sonlandırılmasına dikkat ediniz.
Aksi halde programınız derlenmeyecek ve çalışmayacaktır.

Buradaki gibi yeşil renkli açıklama satırları bilgilendirme amaçlıdır.
Programda olmasına gerek yoktur. Derleyici açıklama satırlarını görmez.
Derlemeden sonra Arduino'ya açıklama satırları yüklenmez.

Açıklamalar, tek satır için // ile başlayarak yapılır.

Çok satırlı açıklamalarda /* ile başlanır ve */ ile bitirilir.

Aşağıdaki C program kodunu dikkatlice inceleyiniz.

*/

void setup() {
  // 13 numaralı pini çıkış pini olarak belirle...
  pinMode(13, OUTPUT);
}

/*
Buradaki loop fonksiyonu sonsuz bir döngü içerisinde
durmaksızın sürekli olarak çalışır.
*/
void loop() {
  digitalWrite(13, HIGH);// LED ışığını yak (HIGH: voltaj seviyesidir)
  delay(1000);           // 1000 milisaniye yani 1 saniye bekle
  digitalWrite(13, LOW); // LED ışığını söndür (LOW: voltaj seviyesidir)
  delay(1000);           // 1000 milisaniye yani 1 saniye bekle
}
```

Devre tahtasından görünümü

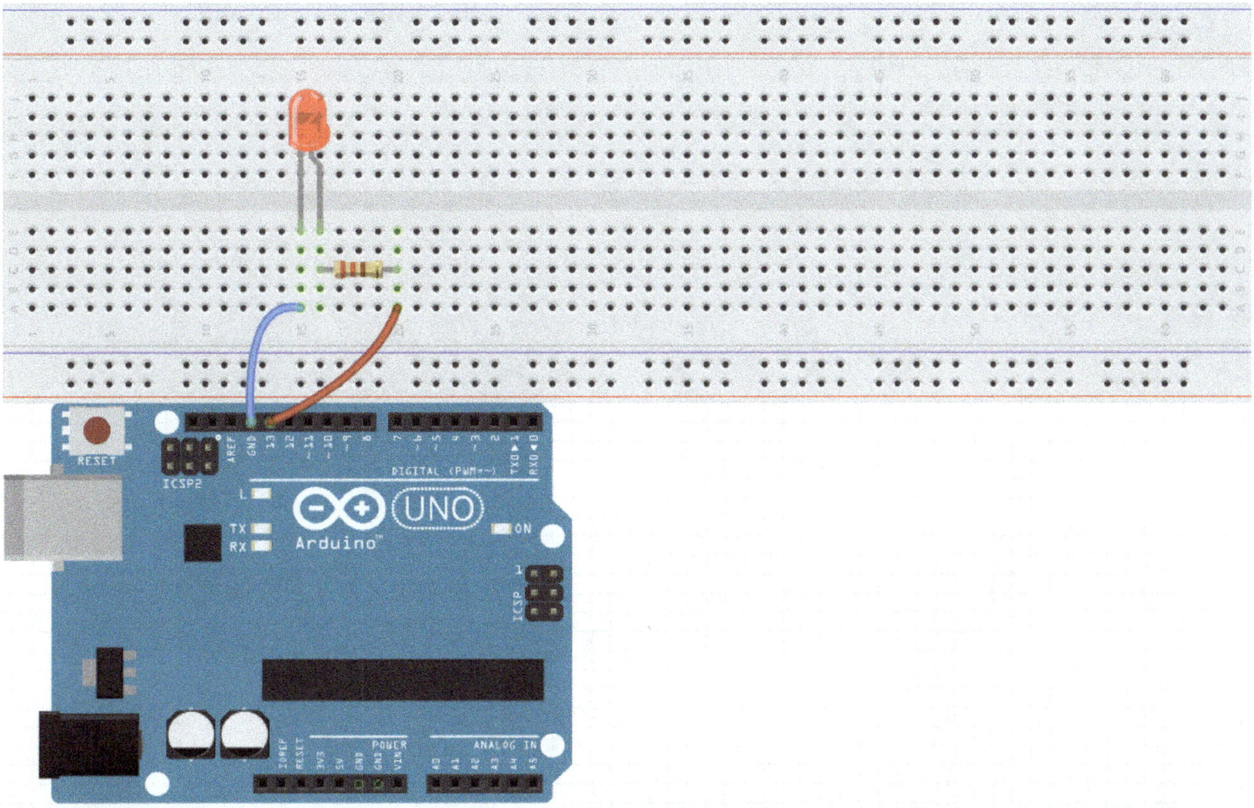

Devre tahtasının fotoğrafı

Şematik gösterimi

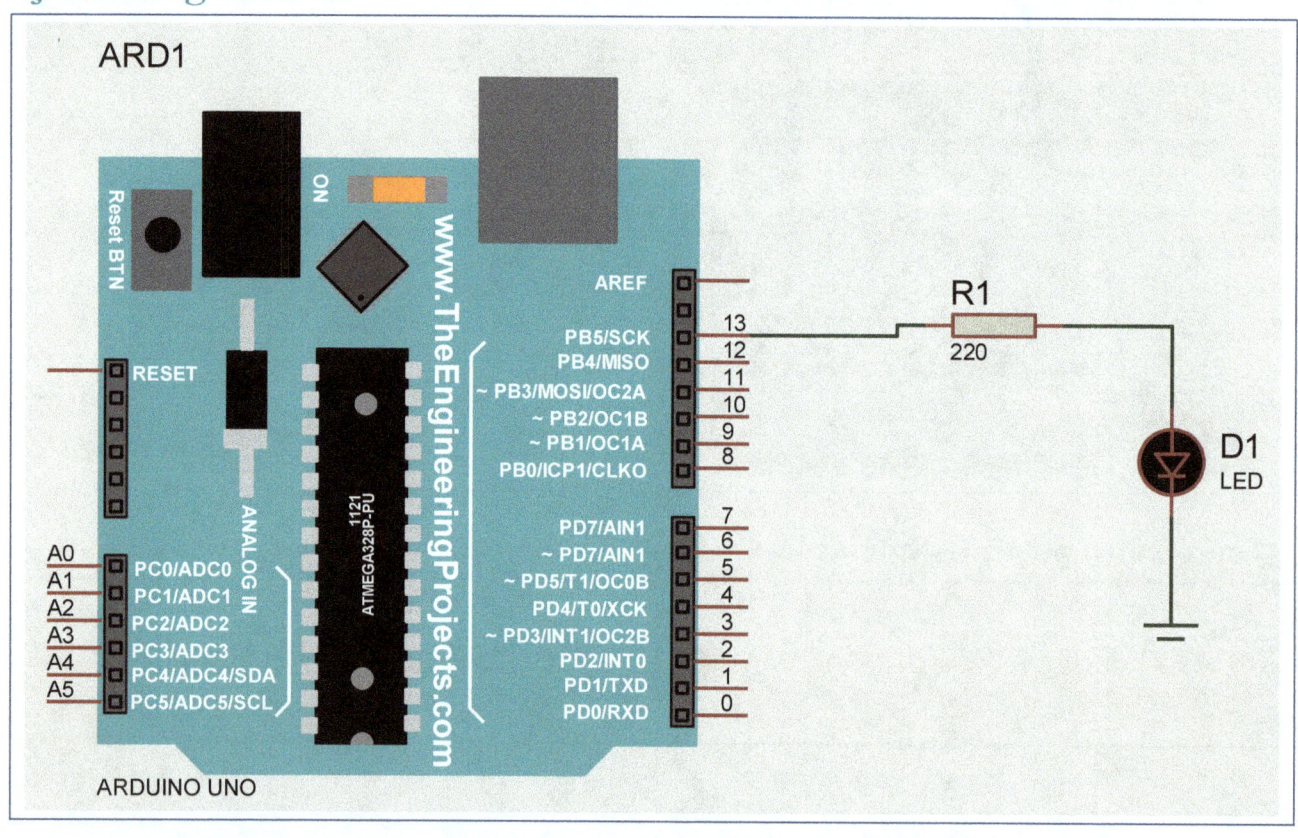

Proje 2 – Trafik Işıkları

Amaç
- Bu projede trafik ışıkları oluşturulmaktadır.
- Kırmızı ışık bir süre yandıktan sonra, sarı ve kırmızı ışık kısa bir süre birlikte yanmakta ve sonunda diğer LEDler sönerek sadece yeşil ışık yanmaktadır.
- Trafik ışıkları daha sonra kısa bir süreliğine sarı ışığa ve tekrar kırmızı ışığa dönmektedir.

Uyarılar
- Arduino pinlerinin devre tahtasında doğru olarak bağlanmış olduğundan emin olunuz.
- LED'in bağlantı yönü, pozitif ve negatif kutupları (Anot/Katot) önemlidir. LED ters bağlanırsa çalışmayacaktır.
- LED'i her zaman bir direnç (örn. 220 Ohm) kullanarak bağlayınız. LEDler her zaman dirençler ile birlikte kullanılmalıdır. Çünkü LED üzerinden geçecek olan akım sınırlandırılmalıdır. Aksi halde LED kullanılamaz hale gelir, bozulur.
- Arduino pinlerinin hatalı bağlanması durumunda Ardunio pinleri yanabilir ve hatta Arduino kartınız kullanılamaz hale gelebilir.
- USB kablosu Arduino kartınıza bağlıysa, Arduino kartınıza ek güç sağlamanıza gerek yoktur.
- USB kablosu ile yapılan bağlantı, hem Arduino IDE'de derlemiş olduğunuz programı Arduino'ya aktarmanıza, hem de Arduino kartınıza güç sağlaması amacıyla kullanılmaktadır.

Kullanılacak olan malzemeler listesi

Elektronik Bileşen Adı	Türü/Değeri	Miktar
Direnç	220 Ohm	3 adet
LED	Kırmızı LED	1 adet
LED	Sarı LED	1 adet
LED	Yeşil LED	1 adet

Hatırlatma – Program Kodunun Yazılması, Derlenmesi ve Arduino'ya Aktarılması

	Bilgisayarınızda yüklemiş olduğunuz **Arduino IDE'nin editöründe bir sonraki sayfada yer alan program kod yapısını yazıp, derleyiniz**. Derlemek için kullanılan ikon sol tarafta gösterilmiştir. (*Ctrl+R*)
	Bir önceki adımda derlenmiş olan programı **USB kablo ile bağlantısı sağlanmış Arduino'ya aktarınız**. Aktarım yapmak içi kullanılan ikon sol tarafta gösterilmiştir. (*Ctrl+U*)
	USB kablonun Arduino kartınıza bağlı olmasından ve bilgisayarınızın USB üzerinden kartı tanımış ve sürücüleri otomatik yüklemiş ve çalışıyor olmasından emin olunuz. Araçlar menüsünden doğru kart tipinin seçili olduğundan emin olunuz. (Örneğin, Menü üzerinden, **Araçlar > Kart > "Arduino/Genuino Uno"**)

Program Kod Yapısı

```c
// Işık geçişleri arasındaki bekleme süresi
int led_bekleme_suresi = 10000;// 10 saniye (10000 milisaniye)

int kirmizi_Pin = 10;// Kırmızı LED pini 10 numaralı pin
int sari_Pin = 9;// Sarı LED pini 9 numaralı pin
int yesil_Pin = 8;  // Yeşil LED pini 8 numaralı pin

// setup fonksiyonu içerisinde çıkış pinlerini belirlemiş oluyoruz.
void setup() {
  pinMode(kirmizi_Pin, OUTPUT);// Kırmızı LED için (10 numaralı pin)
  pinMode(sari_Pin, OUTPUT);// Sarı LED için (9 numaralı pin)
  pinMode(yesil_Pin, OUTPUT);// Yeşil LED için (8 numaralı pin)
}

/*
Buradaki loop fonksiyonu sonsuz bir döngü içerisinde
durmaksızın sürekli olarak çalışır.
*/
void loop() {
  digitalWrite(kirmizi_Pin, HIGH);// Kırmızı LED ışığını yak.
  delay(led_bekleme_suresi);// led_bekleme_suresi'nin değeri kadar bekle.

  digitalWrite(sari_Pin, HIGH);// Sarı LED ışığını yak.
  delay(2000); // 2 saniye bekle

  digitalWrite(yesil_Pin, HIGH);// Yeşil LED ışığını yak.
  digitalWrite(kirmizi_Pin, LOW);// Kırmızı LED ışığını söndür.
  digitalWrite(sari_Pin, LOW);// Sarı LED ışığını söndür.
  delay(led_bekleme_suresi);// led_bekleme_suresi'nin değeri kadar bekle.

  digitalWrite(sari_Pin, HIGH);// Sarı LED ışığını yak.
  digitalWrite(yesil_Pin, LOW);// Yeşil LED ışığını söndür.
  delay(2000); // 2 saniye bekle

  digitalWrite(sari_Pin, LOW);// Sarı LED ışığını söndür.
  // Döngü buradan itibaren sürekli olarak tekrarlanır.
}
```

Devre tahtasından görünümü

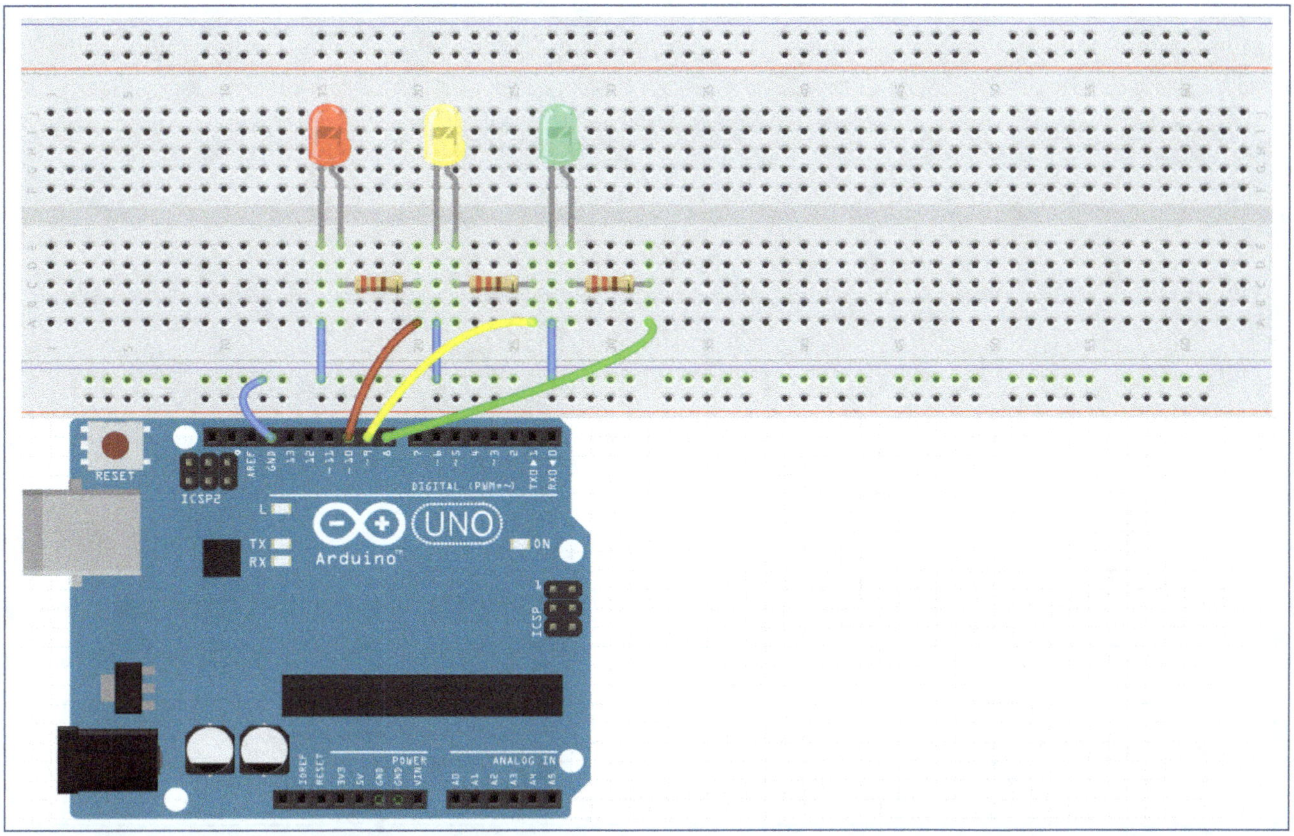

Devre tahtasının fotoğrafı

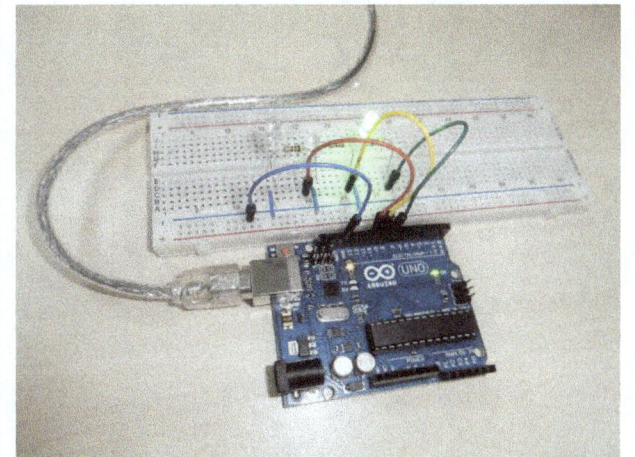

Şematik gösterimi

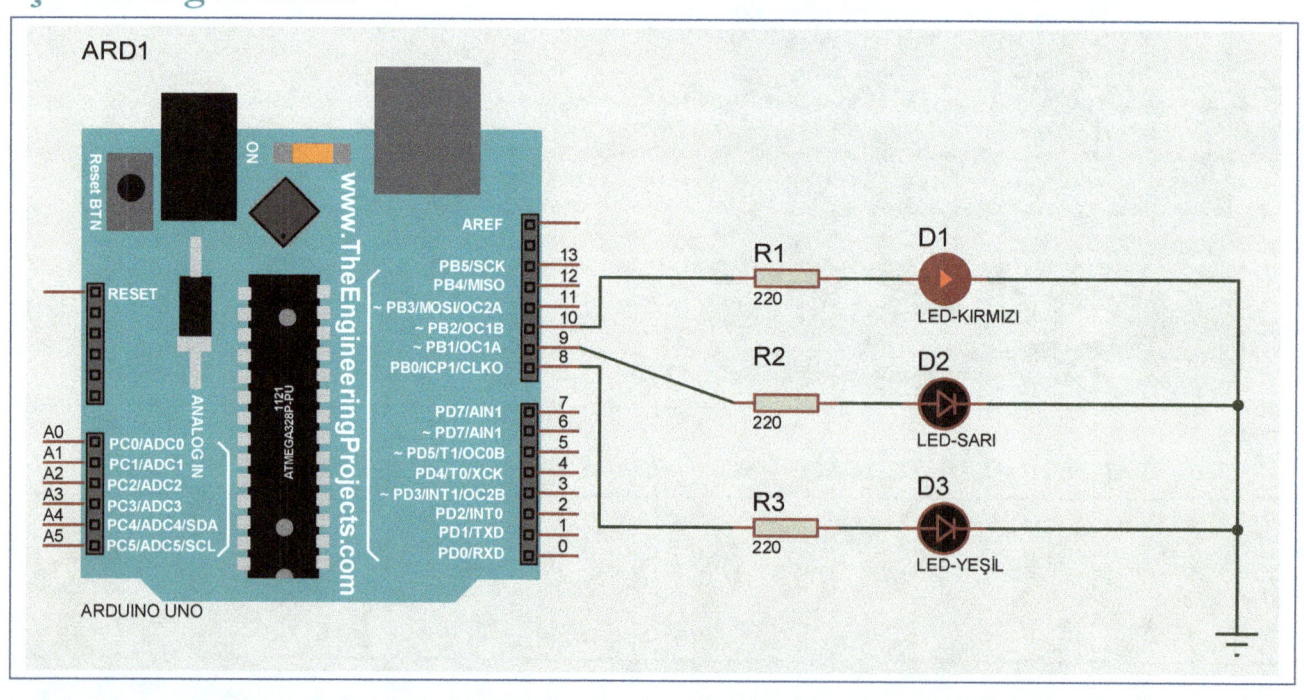

Proje 3 – Etkileşimli Trafik Işıkları

Amaç
- Bu projede, karşıdan karşıya geçmek isteyen bir yayanın, butona basmasından kısa bir süre sonra trafik ışıklarının taşıtlar için kırmızıya, yayalar içinse yeşile dönmesi sağlanmaktadır.
- Taşıtlar ve yayaları kapsayan, gerçek bir trafik ışığı uygulamasına oldukça benzeyen bir projedir.

Uyarılar
- Arduino pinlerinin devre tahtasında doğru olarak bağlanmış olduğundan emin olunuz.
- LED'in bağlantı yönü, pozitif ve negatif kutupları (Anot/Katot) önemlidir. LED ters bağlanırsa çalışmayacaktır.
- LED'i her zaman bir direnç (örn. 220 Ohm) kullanarak bağlayınız. LEDler her zaman dirençler ile birlikte kullanılmalıdır. Çünkü LED üzerinden geçecek olan akım sınırlandırılmalıdır. Aksi halde LED kullanılamaz hale gelir, bozulur.
- Arduino pinlerinin hatalı bağlanması durumunda Ardunio pinleri yanabilir ve hatta Arduino kartınız kullanılamaz hale gelebilir.
- USB kablosu Arduino kartınıza bağlıysa, Arduino kartınıza ek güç sağlamanıza gerek yoktur.
- USB kablosu ile yapılan bağlantı, hem Arduino IDE'de derlemiş olduğunuz programı Arduino'ya aktarmanıza, hem de Arduino kartınıza güç sağlaması amacıyla kullanılmaktadır.

Kullanılacak olan malzemeler listesi

Elektronik Bileşen Adı	Türü/Değeri	Miktar
Direnç	220 Ohm	6 adet
LED	Kırmızı LED	2 adet
LED	Sarı LED	1 adet
LED	Yeşil LED	2 adet
Buton	Tuşlu buton	1 adet

Hatırlatma – Program Kodunun Yazılması, Derlenmesi ve Arduino'ya Aktarılması

	Bilgisayarınızda yüklemiş olduğunuz **Arduino IDE'nin editöründe bir sonraki sayfada yer alan program kod yapısını yazıp, derleyiniz**. Derlemek için kullanılan ikon sol tarafta gösterilmiştir. (*Ctrl+R*)
	Bir önceki adımda derlenmiş olan programı **USB kablo ile bağlantısı sağlanmış Arduino'ya aktarınız**. Aktarım yapmak içi kullanılan ikon sol tarafta gösterilmiştir. (*Ctrl+U*)
	USB kablonun Arduino kartınıza bağlı olmasından ve bilgisayarınızın USB üzerinden kartı tanımış ve sürücüleri otomatik yüklemiş ve çalışıyor olmasından emin olunuz. Araçlar menüsünden doğru kart tipinin seçili olduğundan emin olunuz. (Örneğin, Menü üzerinden, **Araçlar > Kart > "Arduino/Genuino Uno"**)

Program Kod Yapısı

```c
int tasit_Kirmizi = 12;//Kırmızı LED (Pin 12) - Taşıtlar için
int tasit_Sari = 11;//Sarı LED (Pin 11) - Taşıtlar için
int tasit_Yesil = 10;//Yeşil LED (Pin 10) - Taşıtlar için

int yaya_Kirmizi = 9;//Kırmızı LED (Pin 9) - Yayalar için
int yaya_Yesil = 8;//Yeşil LED (Pin 8) - Yayalar için
int buton = 2;//Buton (Pin 2) - Yayalar için
int yaya_Gecis_Suresi = 5000;//Yayalar için karşıdan karşıya geçiş süresi

unsigned long gecen_Sure;// Butona basıldığından itibaren geçen süre

/*
setup fonksiyonu içerisinde giriş ve çıkış pinlerini belirlemiş oluyoruz.
Ayrıca ilk başlangıç değerlerini de belirlemiş oluyoruz.
*/
void setup() {
  pinMode(tasit_Kirmizi, OUTPUT);//Kırmızı LED(Çıkış Pin:12)-Taşıtlar için
  pinMode(tasit_Sari, OUTPUT);//Sarı LED(Çıkış Pin:11)-Taşıtlar için
  pinMode(tasit_Yesil, OUTPUT);//Yeşil LED(Çıkış Pin:10)-Taşıtlar için

  pinMode(yaya_Kirmizi, OUTPUT);//Kırmızı LED (Çıkış Pini 9)-Yayalar için
  pinMode(yaya_Yesil, OUTPUT);//Yeşil LED (Çıkış Pini 8)-Yayalar için
  pinMode(buton, INPUT);//Buton (Giriş Pini 2)-Yayalar için

  digitalWrite(tasit_Yesil, HIGH);//Yeşil LED'i yak(Çıkış Pin:10)-Taşıt
  digitalWrite(yaya_Kirmizi, HIGH);//Kırmızı LED'i yak(Çıkış Pin:9)-Yaya
}

/*
Buradaki loop fonksiyonu sonsuz bir döngü içerisinde
durmaksızın sürekli olarak çalışır.
*/
void loop() {
  int durum = digitalRead(buton);// Butona basılıp basılmadığı kontrolü

  /*
  Eğer butona en son basılma süresinden itibaren
  5 saniyeden fazla bir süre geçmiş ise,
  ışıkların değişmesini gerçekleştirecek olan fonksiyonu çağır.
  */
  if (durum == HIGH && (millis() - gecen_Sure) > 5000) {
    isiklari_Degistir(); //Işıkların değişmesini sağlayan fonksiyon
  }
}

// Işıkların değişmesini sağlayacak olan fonksiyon
void isiklari_Degistir() {
  digitalWrite(tasit_Yesil, LOW);//Yeşil LED'i söndür - Taşıtlar için
  digitalWrite(tasit_Sari, HIGH);//Sarı LED'i yak - Taşıtlar için
  delay(2000);//2 saniye bekle
```

```
  digitalWrite(tasit_Sari, LOW); //Sarı LED'i söndür - Taşıtlar için
  digitalWrite(tasit_Kirmizi, HIGH);//Kırmızı LED'i yak - Taşıtlar için
  delay(1000);//1 saniye bekle (Güvenli olması için...)

  digitalWrite(yaya_Kirmizi, LOW);//Kırmızı LED'i söndür - Yayalar için
  digitalWrite(yaya_Yesil, HIGH);//Yeşil LED'i yak - Yayalar için
  delay(yaya_Gecis_Suresi);//Yayalar için belirlenen süre kadar bekle

  /*
  Buradaki for döngüsünde, yayalar için olan yeşil LED ışığı hızlı hızlı
  10 defa yanar ve söner.
  */
  for (int x=0; x<10; x++) {
    digitalWrite(yaya_Yesil, HIGH);// Yeşil LED'i yak - Yayalar için
    delay(250); // Saniyenin 4'te 1'i kadar (250 milisaniye) bekle
    digitalWrite(yaya_Yesil, LOW); // Yeşil LED'i söndür - Yayalar için
    delay(250);// Saniyenin 4'te 1'i kadar (250 milisaniye) bekle
  } // for döngüsü 10 defa tekrarlanır.

  digitalWrite(yaya_Kirmizi, HIGH);// Kırmızı LED'i yak - Yayalar için
  delay(500);// Yarım saniye (500 milisaniye) bekle

  digitalWrite(tasit_Sari, HIGH);// Sarı LED'i yak - Taşıtlar
  digitalWrite(tasit_Kirmizi, LOW);// Kırmızı LED'i söndür - Taşıtlar
  delay(1000);// 1 saniye bekle

  digitalWrite(tasit_Yesil, HIGH);// Yeşil LED'i yak - Taşıtlar için
  digitalWrite(tasit_Sari, LOW);// Sarı LED'i söndür - Taşıtlar için

  //Işıkların son değişiminden beri geçen süreyi sakla
  gecen_Sure = millis();

  // Buradan itibaren loop ana programına dönülür.
}
```

Devre tahtasından görünümü

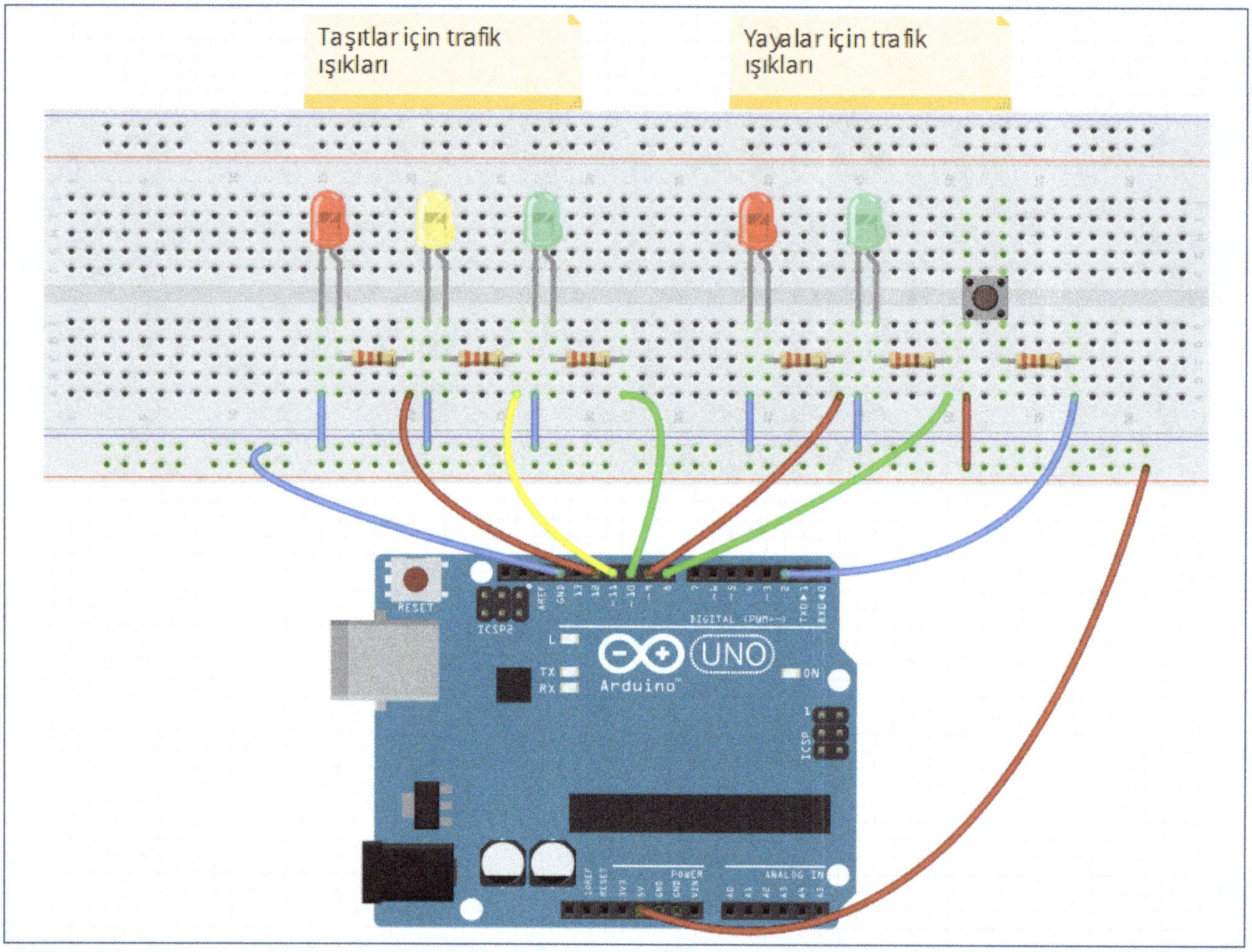
Taşıtlar için trafik ışıkları
Yayalar için trafik ışıkları
RESET
ICSP2
AREF
GND
DIGITAL (PWM~)
TX
RX
UNO
Arduino
ON
ICSP
POWER
ANALOG IN

Devre tahtasının fotoğrafı

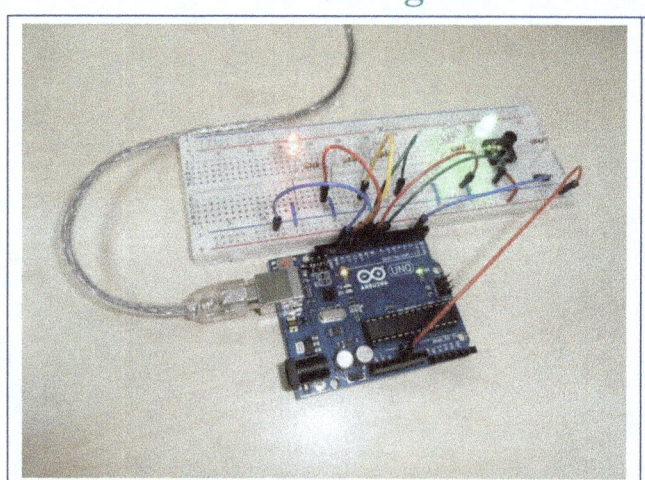

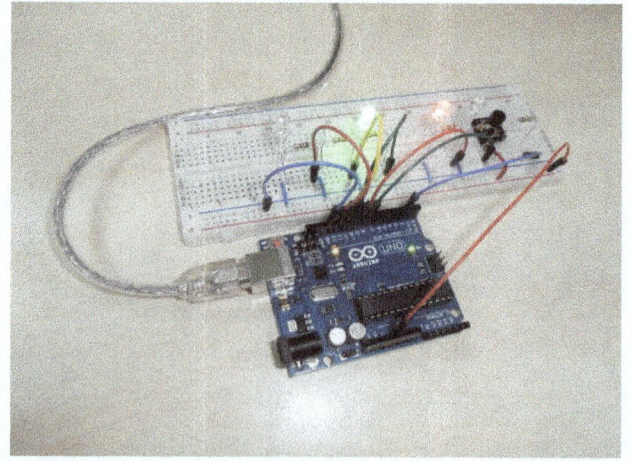

Şematik gösterimi

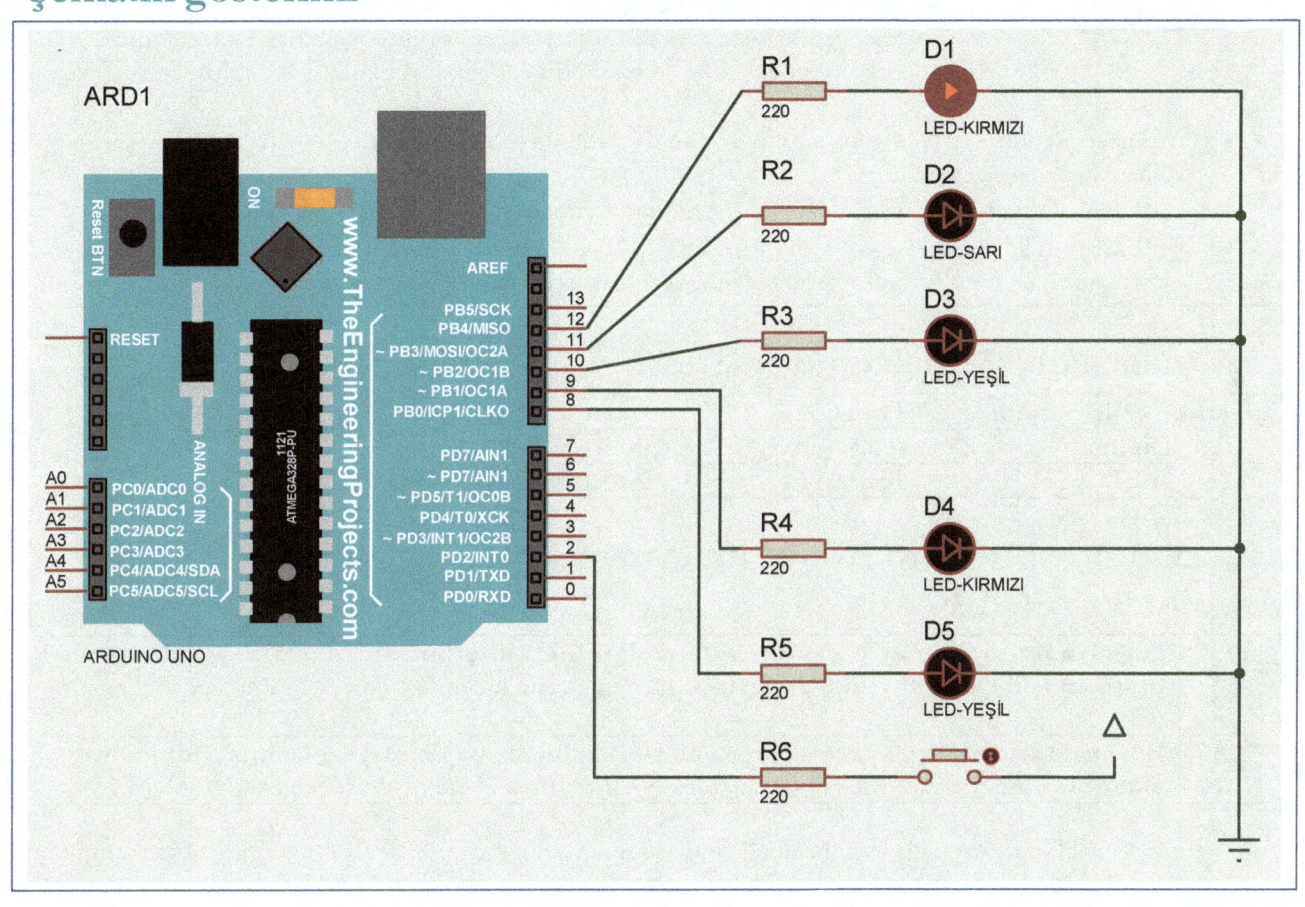

Proje 4 – Sırayla Yanıp Sönen LED Işıkları

Amaç
- Bu projede LEDler sırayla baştan sona doğru ve sondan başa doğru olarak yanıp sönmektedir.

Uyarılar
- Arduino pinlerinin devre tahtasında doğru olarak bağlanmış olduğundan emin olunuz.
- LED'in bağlantı yönü, pozitif ve negatif kutupları (Anot/Katot) önemlidir. LED ters bağlanırsa çalışmayacaktır.
- LED'i her zaman bir direnç (örn. 220 Ohm) kullanarak bağlayınız. LEDler her zaman dirençler ile birlikte kullanılmalıdır. Çünkü LED üzerinden geçecek olan akım sınırlandırılmalıdır. Aksi halde LED kullanılamaz hale gelir, bozulur.
- Arduino pinlerinin hatalı bağlanması durumunda Ardunio pinleri yanabilir ve hatta Arduino kartınız kullanılamaz hale gelebilir.
- USB kablosu Arduino kartınıza bağlıysa, Arduino kartınıza ek güç sağlamanıza gerek yoktur.
- USB kablosu ile yapılan bağlantı, hem Arduino IDE'de derlemiş olduğunuz programı Arduino'ya aktarmanıza, hem de Arduino kartınıza güç sağlaması amacıyla kullanılmaktadır.

Kullanılacak olan malzemeler listesi

Elektronik Bileşen Adı	Türü/Değeri	Miktar
Direnç	220 Ohm	10 adet
LED	Kırmızı LED	10 adet

Hatırlatma – Program Kodunun Yazılması, Derlenmesi ve Arduino'ya Aktarılması

	Bilgisayarınızda yüklemiş olduğunuz **Arduino IDE'nin editöründe bir sonraki sayfada yer alan program kod yapısını yazıp, derleyiniz.** Derlemek için kullanılan ikon sol tarafta gösterilmiştir. (*Ctrl+R*)
	Bir önceki adımda derlenmiş olan programı **USB kablo ile bağlantısı sağlanmış Arduino'ya aktarınız.** Aktarım yapmak içi kullanılan ikon sol tarafta gösterilmiştir. (*Ctrl+U*)
	USB kablonun Arduino kartınıza bağlı olmasından ve bilgisayarınızın USB üzerinden kartı tanımış ve sürücüleri otomatik yüklemiş ve çalışıyor olmasından emin olunuz. Araçlar menüsünden doğru kart tipinin seçili olduğundan emin olunuz. (Örneğin, Menü üzerinden, **Araçlar > Kart > "Arduino/Genuino Uno"**)

Program Kod Yapısı

```c
// LED pinleri için bir dizi (küme) tanımlanması...
byte led_Pinleri[] = {4, 5, 6, 7, 8, 9, 10, 11, 12, 13};

int led_Bekleme = 65;// LED bekleme süresi
int yonu = 1;// Yön
int suanki_LED = 0;// Mevcut LED

unsigned long gecen_Sure;// Değişim süresi...

void setup() {
  /* Dizi içerisindeki pinlerin hepsini (10 tane pin)
  çıkış pini olarak ayarla... */
  for (int x=0; x<10; x++) {
  pinMode(led_Pinleri[x], OUTPUT);
  }
  gecen_Sure = millis();// Değişim zamanını sakla...
}

/*
Buradaki loop fonksiyonu sonsuz bir döngü içerisinde
durmaksızın sürekli olarak çalışır.
*/
void loop() {
  // Eğer son değişimden beri led_Bekleme süresi kadar ise...
  if ((millis() - gecen_Sure) > led_Bekleme) {
    led_Degistir(); // LED'i değiştir fonksiyonu çağrılıyor.
    gecen_Sure = millis(); // Geçen süreyi sakla...
  }
}

void led_Degistir() {
  // Buradaki for döngüsünde tüm LED'lerin ışıkları söndürülür.
  for (int x=0; x<10; x++) {
    digitalWrite(led_Pinleri[x], LOW);
  }

  // Şu andaki LED'i (suanki_LED) yak.
  digitalWrite(led_Pinleri[suanki_LED], HIGH);

  // Şu andaki(suanki_LED) LED'in değerini yön değeri (yonu) kadar artır.
  suanki_LED += yonu;

  // Eğer mevcut LED sona gelmişse, yönü değiştir (yonu = -1).
  if (suanki_LED == 9) {yonu = -1;}

  // Eğer mevcut LED (suanki_LED) baştaki LED ise, yönü 1 yap.
  if (suanki_LED == 0) {yonu = 1;}
}
```

Devre tahtasından görünümü

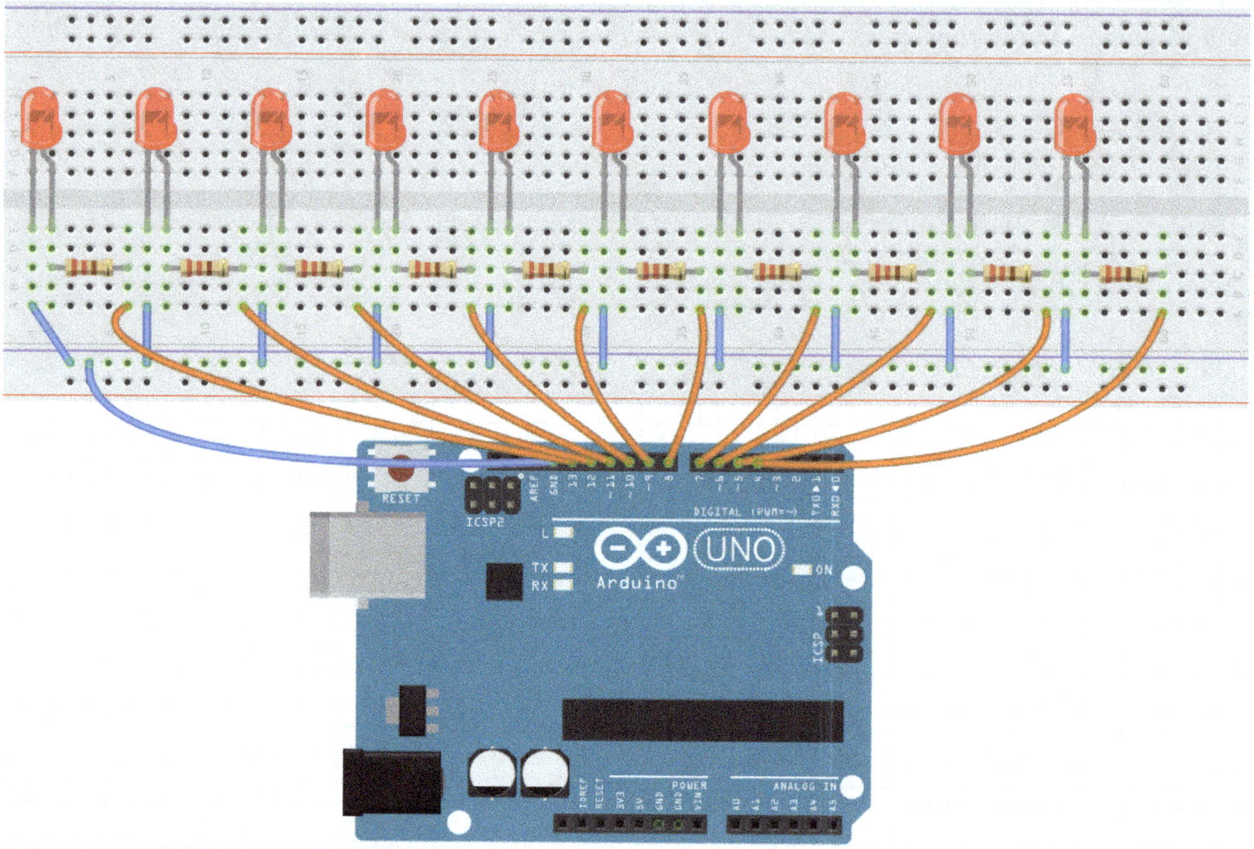

Devre tahtasının fotoğrafı

Şematik gösterimi

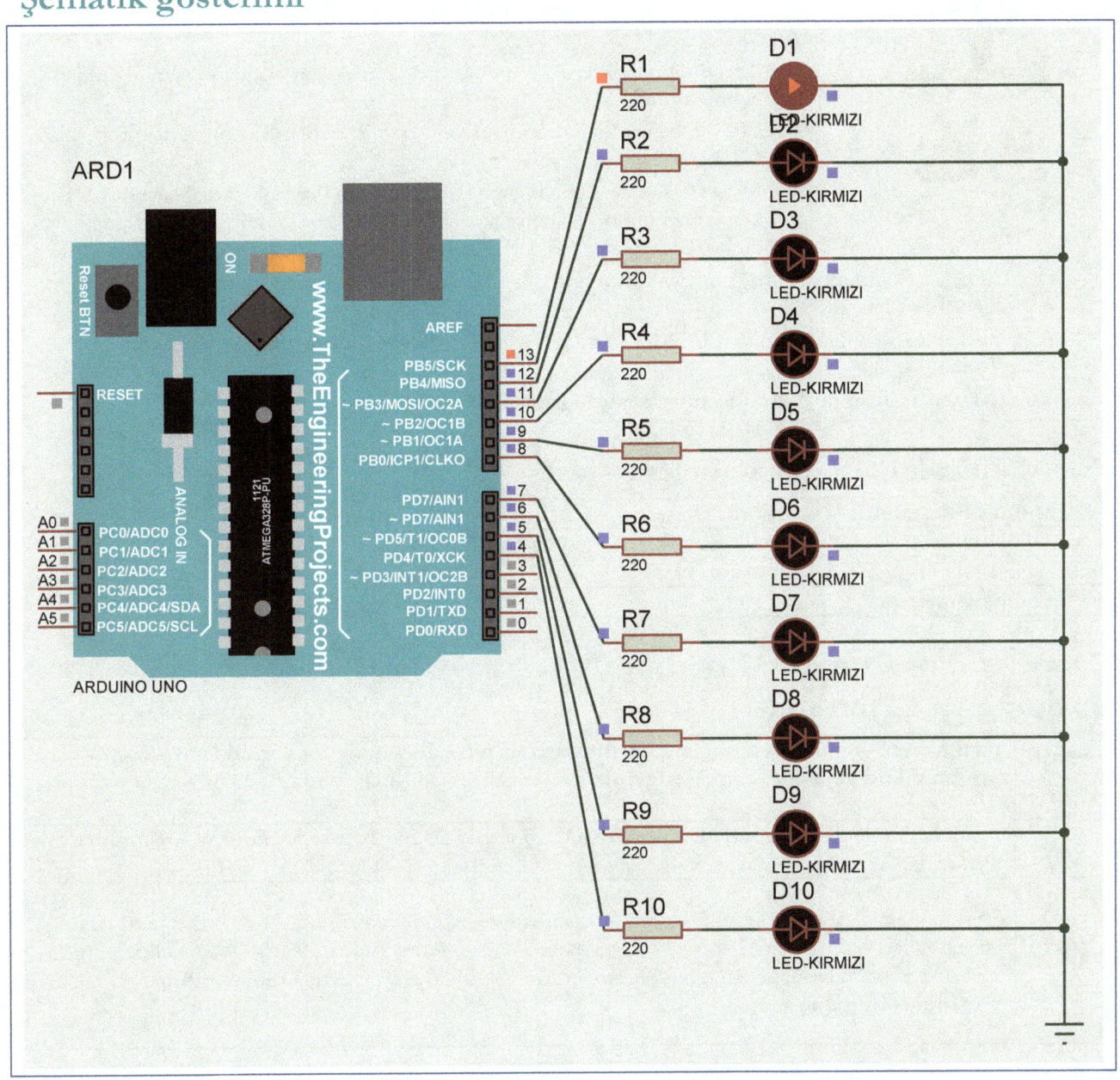

Proje 5 – Etkileşimli Sırayla Yanıp Sönen LED Işıkları

Amaç
- Bu projede LEDler sırayla baştan sona doğru ve sondan başa doğru olarak yanıp sönmektedir.
- Potansiyometre ile ayrıca LEDlerin hızı ayarlanabilmektedir.

Uyarılar
- Arduino pinlerinin devre tahtasında doğru olarak bağlanmış olduğundan emin olunuz.
- LED'in bağlantı yönü, pozitif ve negatif kutupları (Anot/Katot) önemlidir. LED ters bağlanırsa çalışmayacaktır.
- LED'i her zaman bir direnç (örn. 220 Ohm) kullanarak bağlayınız. LEDler her zaman dirençler ile birlikte kullanılmalıdır. Çünkü LED üzerinden geçecek olan akım sınırlandırılmalıdır. Aksi halde LED kullanılamaz hale gelir, bozulur.
- Arduino pinlerinin hatalı bağlanması durumunda Ardunio pinleri yanabilir ve hatta Arduino kartınız kullanılamaz hale gelebilir.
- USB kablosu Arduino kartınıza bağlıysa, Arduino kartınıza ek güç sağlamanıza gerek yoktur.
- USB kablosu ile yapılan bağlantı, hem Arduino IDE'de derlemiş olduğunuz programı Arduino'ya aktarmanıza, hem de Arduino kartınıza güç sağlaması amacıyla kullanılmaktadır.

Kullanılacak olan malzemeler listesi

Elektronik Bileşen Adı	Türü/Değeri	Miktar
Direnç	220 Ohm	10 adet
LED	Kırmızı LED	10 adet
Potansiyometre	10 K Ohm	1 adet

Hatırlatma – Program Kodunun Yazılması, Derlenmesi ve Arduino'ya Aktarılması

	Bilgisayarınızda yüklemiş olduğunuz **Arduino IDE'nin editöründe bir sonraki sayfada yer alan program kod yapısını yazıp, derleyiniz**. Derlemek için kullanılan ikon sol tarafta gösterilmiştir. (*Ctrl+R*)
	Bir önceki adımda derlenmiş olan programı **USB kablo ile bağlantısı sağlanmış Arduino'ya aktarınız**. Aktarım yapmak içi kullanılan ikon sol tarafta gösterilmiştir. (*Ctrl+U*)
	USB kablonun Arduino kartınıza bağlı olmasından ve bilgisayarınızın USB üzerinden kartı tanımış ve sürücüleri otomatik yüklemiş ve çalışıyor olmasından emin olunuz. Araçlar menüsünden doğru kart tipinin seçili olduğundan emin olunuz. (Örneğin, Menü üzerinden, **Araçlar > Kart > "Arduino/Genuino Uno"**)

Program Kod Yapısı

```c
// LED pinleri için bir dizi (küme) tanımlanması...
byte led_Pinleri[] = {4, 5, 6, 7, 8, 9, 10, 11, 12, 13};

int led_Bekleme = 65; // LED bekleme süresi
int yonu = 1; // Yön
int suanki_LED = 0;// Mevcut LED

unsigned long gecen_Sure; // Değişim süresi...

// Potansiyometre için giriş pininin belirlenmesi...
int potansiyometre_Pini = 2;

void setup() {
  /* Dizi içerisindeki pinlerin hepsini (10 tane pin)
  çıkış pini olarak ayarla... */
  for (int x=0; x<10; x++) {
  pinMode(led_Pinleri[x], OUTPUT); }
  gecen_Sure = millis(); // Değişim zamanını sakla...
  }

void loop() {
  // Potansiyometre değerini oku
  led_Bekleme = analogRead(potansiyometre_Pini);

  // Eğer son değişimden beri led_Bekleme süresi kadar ise...
  if ((millis() - gecen_Sure) > led_Bekleme) {
    led_Degistir(); // LED'i değiştir fonksiyonu çağrılıyor.
    gecen_Sure = millis(); // Geçen süreyi sakla...
  }
}

void led_Degistir() {

  // Buradaki for döngüsünde tüm LED'lerin ışıkları söndürülür.
  for (int x=0; x<10; x++) {
  digitalWrite(led_Pinleri[x], LOW);
  }

  // Şu andaki LED'i (suanki_LED) yak.
  digitalWrite(led_Pinleri[suanki_LED], HIGH);

  // Şu andaki(suanki_LED) LED'in değerini yön değeri (yonu) kadar artır.
  suanki_LED += yonu;

  // Eğer mevcut LED sona gelmişse, yönü değiştir (yonu = -1).
  if (suanki_LED == 9) {yonu = -1;}

  // Eğer mevcut LED (suanki_LED) baştaki LED ise, yönü 1 yap.
  if (suanki_LED == 0) {yonu = 1;}
}
```

Devre tahtasından görünümü

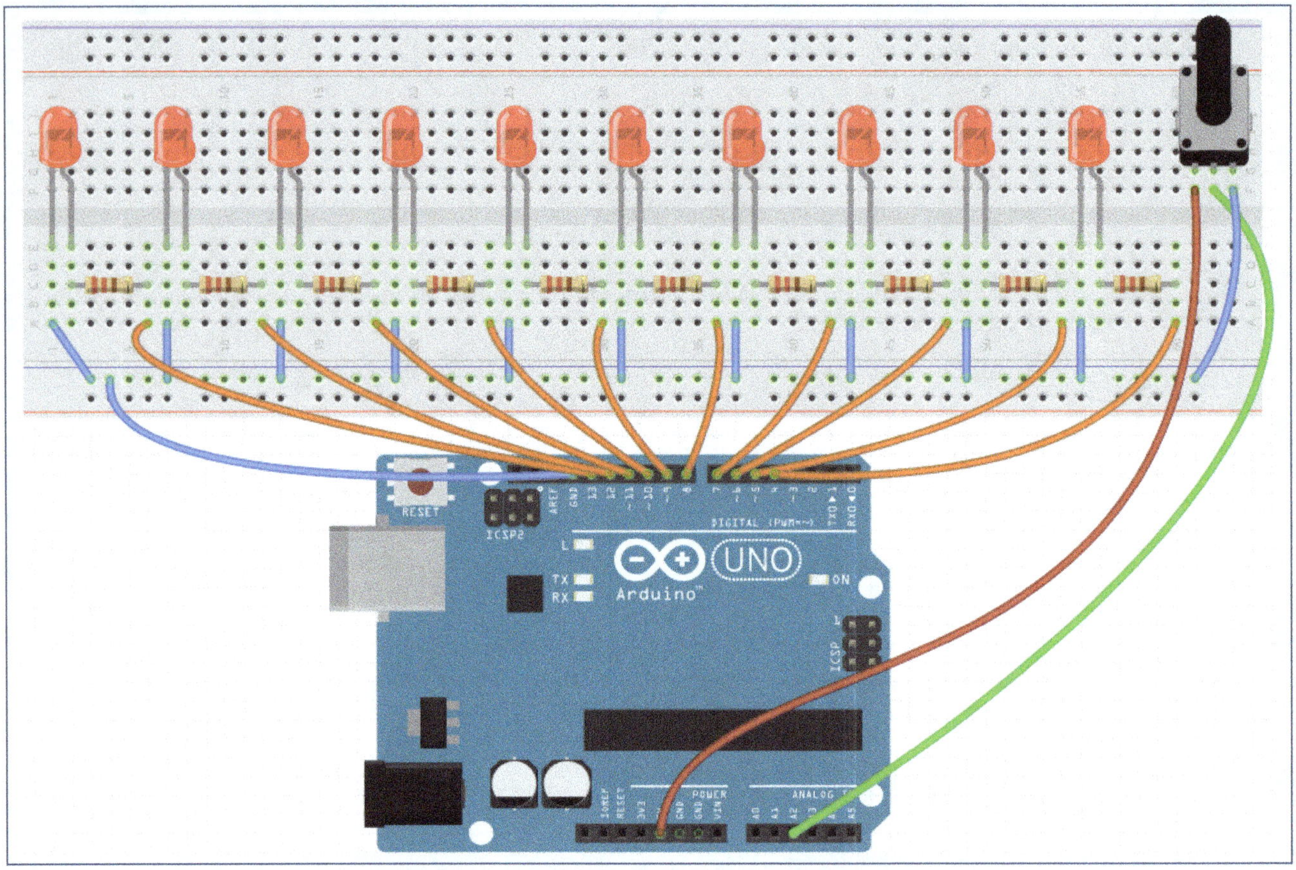

Devre tahtasının fotoğrafı

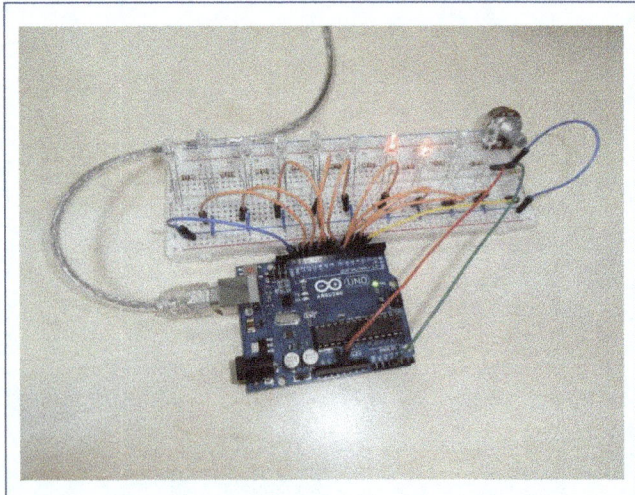

Şematik gösterimi

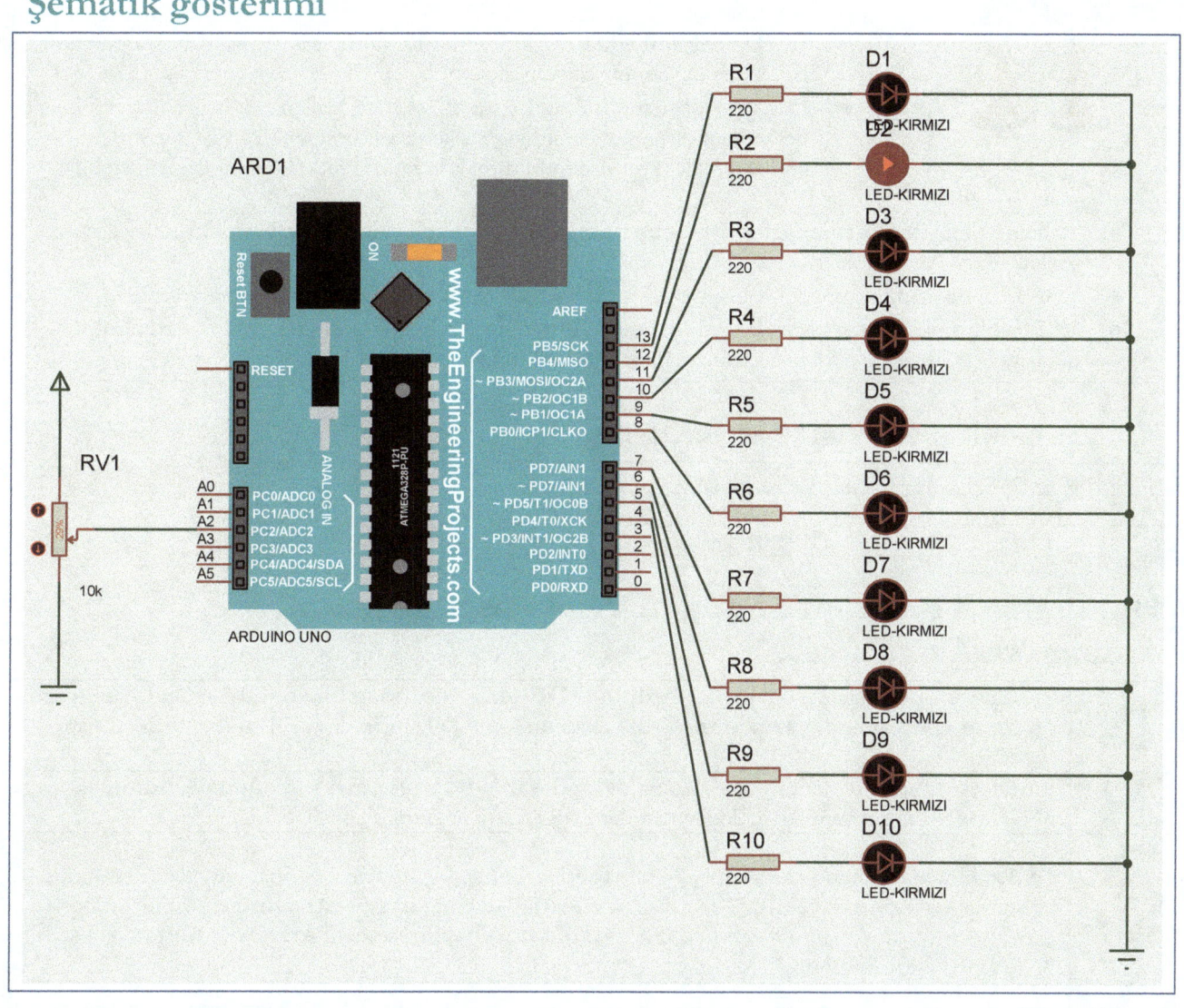

Proje 6 – Kademeli Yanıp Sönen LED Işığı (PWM)

Amaç
- Bu projede LED ışığının parlaklığı kademeli olarak artırılıp azaltılmaktadır.
- PWM: Pulse Width Modulation özelliği kullanılmaktadır.

Uyarılar
- Arduino pinlerinin devre tahtasında doğru olarak bağlanmış olduğundan emin olunuz.
- LED'in bağlantı yönü, pozitif ve negatif kutupları (Anot/Katot) önemlidir. LED ters bağlanırsa çalışmayacaktır.
- LED'i her zaman bir direnç (örn. 220 Ohm) kullanarak bağlayınız. LEDler her zaman dirençler ile birlikte kullanılmalıdır. Çünkü LED üzerinden geçecek olan akım sınırlandırılmalıdır. Aksi halde LED kullanılamaz hale gelir, bozulur.
- Arduino pinlerinin hatalı bağlanması durumunda Ardunio pinleri yanabilir ve hatta Arduino kartınız kullanılamaz hale gelebilir.
- USB kablosu Arduino kartınıza bağlıysa, Arduino kartınıza ek güç sağlamanıza gerek yoktur.
- USB kablosu ile yapılan bağlantı, hem Arduino IDE'de derlemiş olduğunuz programı Arduino'ya aktarmanıza, hem de Arduino kartınıza güç sağlaması amacıyla kullanılmaktadır.

Kullanılacak olan malzemeler listesi

Elektronik Bileşen Adı	Türü/Değeri	Miktar
Direnç	220 Ohm	1 adet
LED	Kırmızı LED	1 adet

Hatırlatma – Program Kodunun Yazılması, Derlenmesi ve Arduino'ya Aktarılması

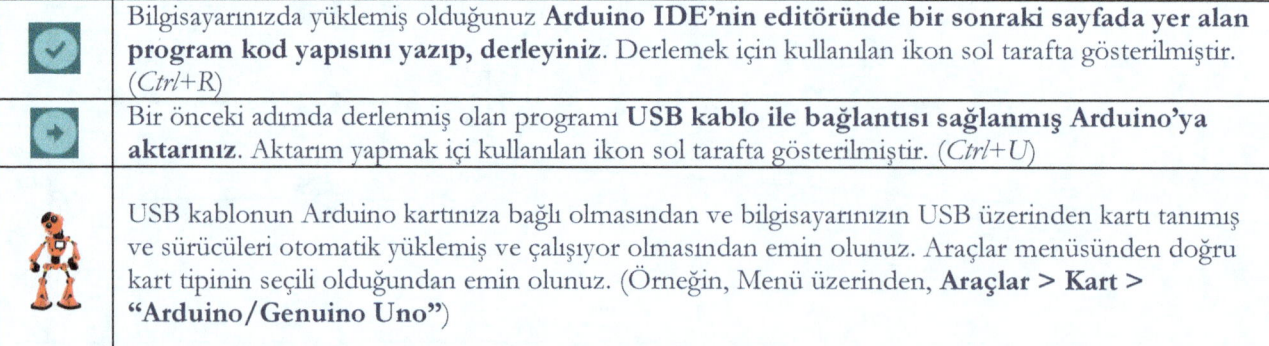

Program Kod Yapısı

```
int led_Pini = 11;// LED pin numarasını belirle...
float sinus_Degeri;// Sinüs fonksiyonu değeri (Ondalık bir sayı)...
int led_Degeri;// LED'in değeri (Tam sayı)...

void setup() {
  pinMode(led_Pini, OUTPUT);// LED pinini çıkış pini olarak ayarla...
}

void loop() {

  //Buradaki for döngüsünde kademeli ışık değeri oluşturulur.
  for (int x=0; x<180; x++) {
    // Dereceyi radyana çevir...
    sinus_Degeri = (sin(x*(3.1412/180)));

    // Sinüs değerini hesapla...
    led_Degeri = int(sinus_Degeri*255);

    // Elde edilen sinüs değerini led_Pini'e yaz.
    analogWrite(led_Pini, led_Degeri);

    delay(25);  // 25 milisaniye bekle...
  }

}
```

Devre tahtasından görünümü

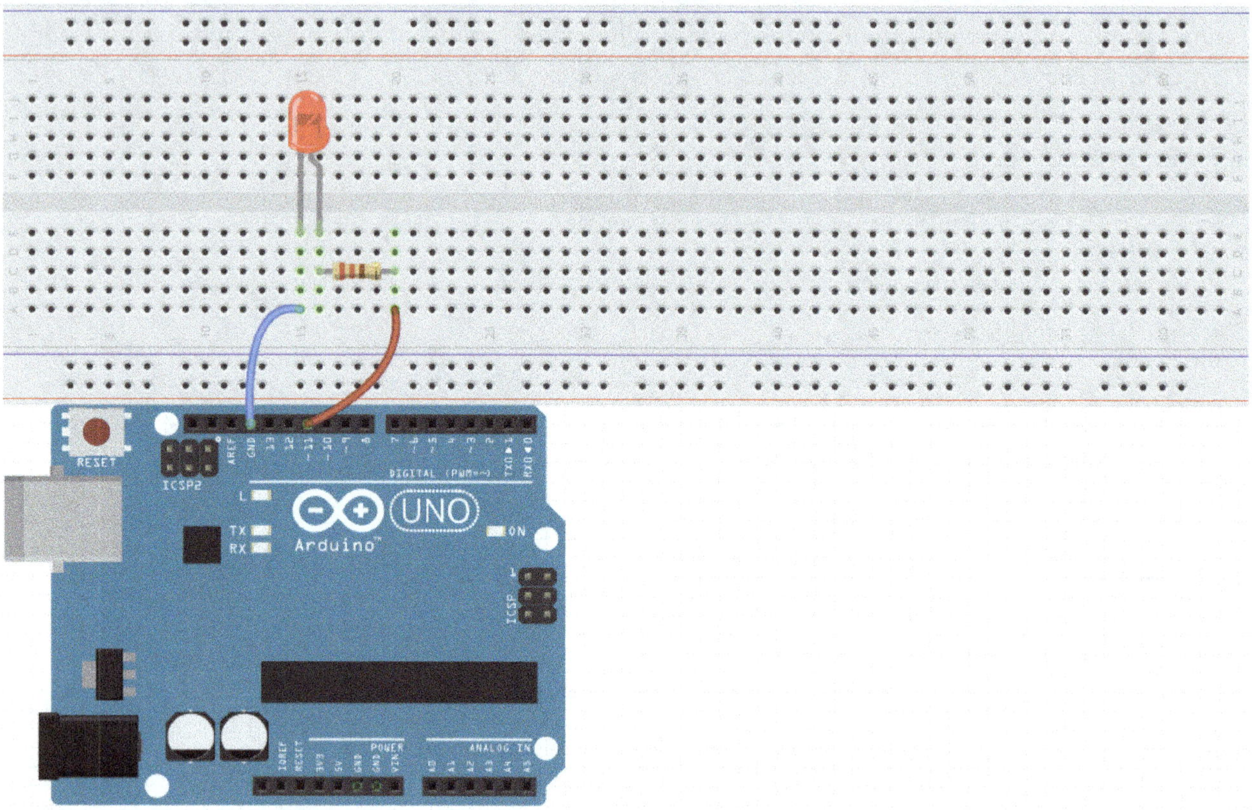

Devre tahtasının fotoğrafı

Şematik gösterimi

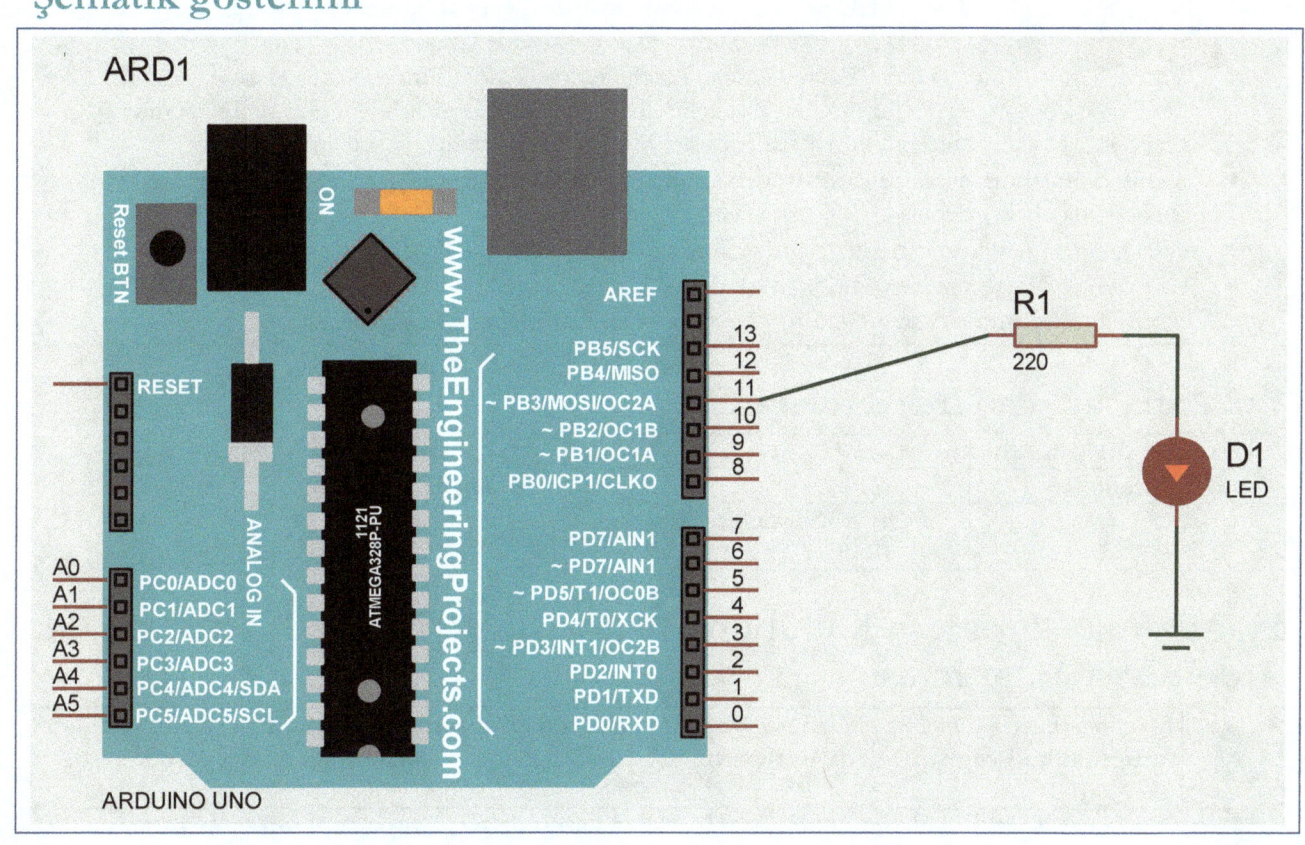

Proje 7 – Kademeli Yanıp Sönen RGB LED Işığı (PWM)

Amaç
- Bu projede üç renkli RGB LED'inin ışığının parlaklığı kademeli olarak artırılıp azaltılmaktadır.
- PWM: Pulse Width Modulation özelliği kullanılmaktadır.

Uyarılar
- Arduino pinlerinin devre tahtasında doğru olarak bağlanmış olduğundan emin olunuz.
- LED'in bağlantı yönü, pozitif ve negatif kutupları (Anot/Katot) önemlidir. LED ters bağlanırsa çalışmayacaktır.
- LED'i her zaman bir direnç (örn. 220 Ohm) kullanarak bağlayınız. LEDler her zaman dirençler ile birlikte kullanılmalıdır. Çünkü LED üzerinden geçecek olan akım sınırlandırılmalıdır. Aksi halde LED kullanılamaz hale gelir, bozulur.
- Arduino pinlerinin hatalı bağlanması durumunda Ardunio pinleri yanabilir ve hatta Arduino kartınız kullanılamaz hale gelebilir.
- USB kablosu Arduino kartınıza bağlıysa, Arduino kartınıza ek güç sağlamanıza gerek yoktur.
- USB kablosu ile yapılan bağlantı, hem Arduino IDE'de derlemiş olduğunuz programı Arduino'ya aktarmanıza, hem de Arduino kartınıza güç sağlaması amacıyla kullanılmaktadır.

Kullanılacak olan malzemeler listesi

Elektronik Bileşen Adı	Türü/Değeri	Miktar
Direnç	220 Ohm	1 adet
LED	Ortak Katotlu RGB LED	1 adet

Hatırlatma – Program Kodunun Yazılması, Derlenmesi ve Arduino'ya Aktarılması

	Bilgisayarınızda yüklemiş olduğunuz **Arduino IDE'nin editöründe bir sonraki sayfada yer alan program kod yapısını yazıp, derleyiniz**. Derlemek için kullanılan ikon sol tarafta gösterilmiştir. (*Ctrl+R*)
	Bir önceki adımda derlenmiş olan programı **USB kablo ile bağlantısı sağlanmış Arduino'ya aktarınız**. Aktarım yapmak içi kullanılan ikon sol tarafta gösterilmiştir. (*Ctrl+U*)
	USB kablonun Arduino kartınıza bağlı olmasından ve bilgisayarınızın USB üzerinden kartı tanımış ve sürücüleri otomatik yüklemiş ve çalışıyor olmasından emin olunuz. Araçlar menüsünden doğru kart tipinin seçili olduğundan emin olunuz. (Örneğin, Menü üzerinden, **Araçlar > Kart > "Arduino/Genuino Uno"**)

Program Kod Yapısı

```
// Seri veri yolu kullanımı ile kademeli LED ışığı
float RGB1[3];
float RGB2[3];
float INC[3];

int kirmizi, yesil, mavi;
int kirmizi_Pin = 11;
int yesil_Pin = 10;
int mavi_Pin = 9;

void setup(){
  Serial.begin(9600);
  randomSeed(analogRead(0));
  RGB1[0] = 0;
  RGB1[1] = 0;
  RGB1[2] = 0;
  RGB2[0] = random(256);
  RGB2[1] = random(256);
  RGB2[2] = random(256);
}

void loop(){
  randomSeed(analogRead(0));
  for (int x=0; x<3; x++) {INC[x] = (RGB1[x] - RGB2[x]) / 256; }
  for (int x=0; x<256; x++) {
   kirmizi = int(RGB1[0]);
   yesil = int(RGB1[1]);
   mavi = int(RGB1[2]);

   analogWrite (kirmizi_Pin, kirmizi);
   analogWrite (yesil_Pin, yesil);
   analogWrite (mavi_Pin, mavi);
   delay(100);

   RGB1[0] -= INC[0];
   RGB1[1] -= INC[1];
   RGB1[2] -= INC[2];
  }

  for (int x=0; x<3; x++) {
   RGB2[x] = random(556)-300;
   RGB2[x] = constrain(RGB2[x], 0, 255);
   delay(1000);
  }

}
```

Devre tahtasından görünümü

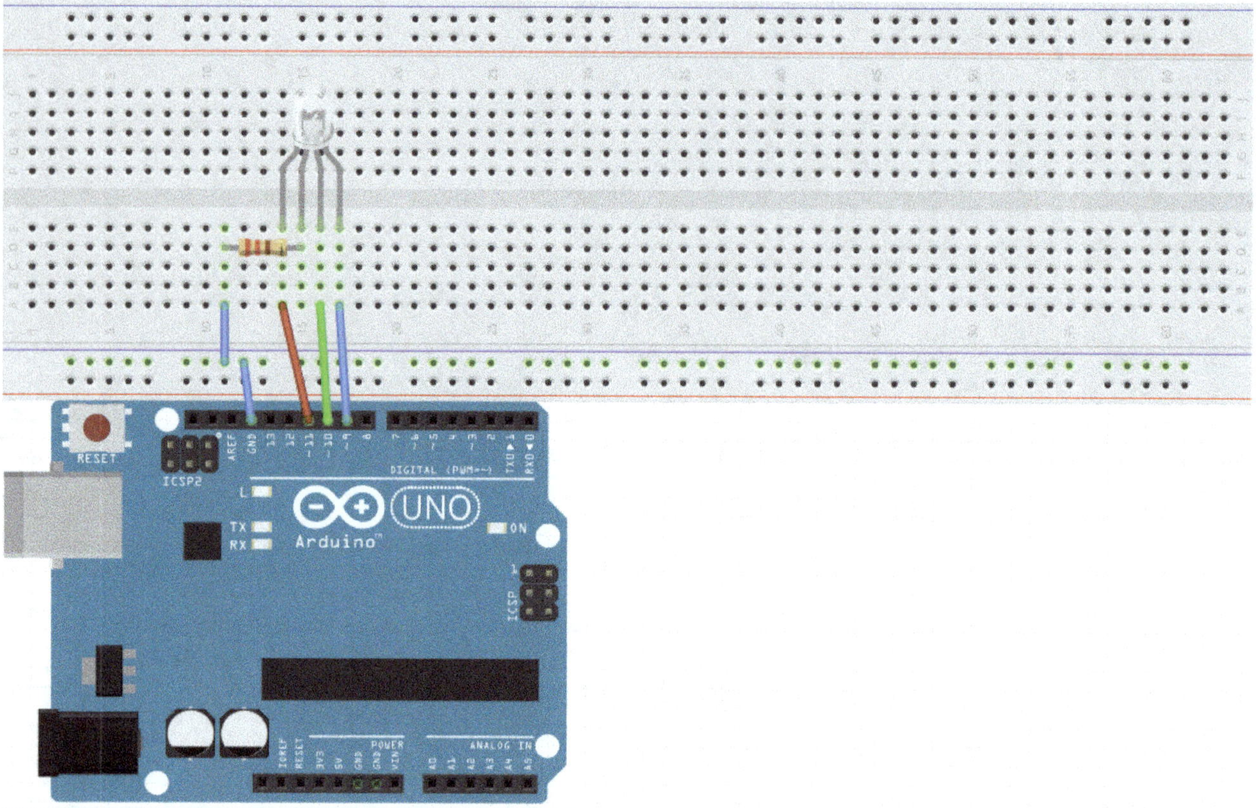

Devre tahtasının fotoğrafı

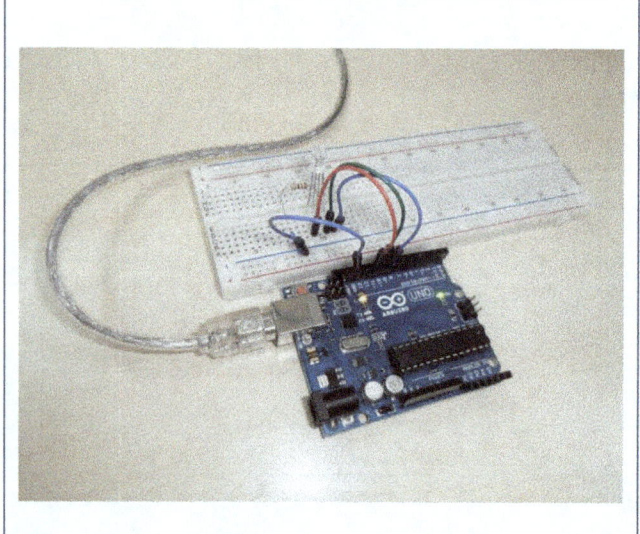

Şematik gösterimi

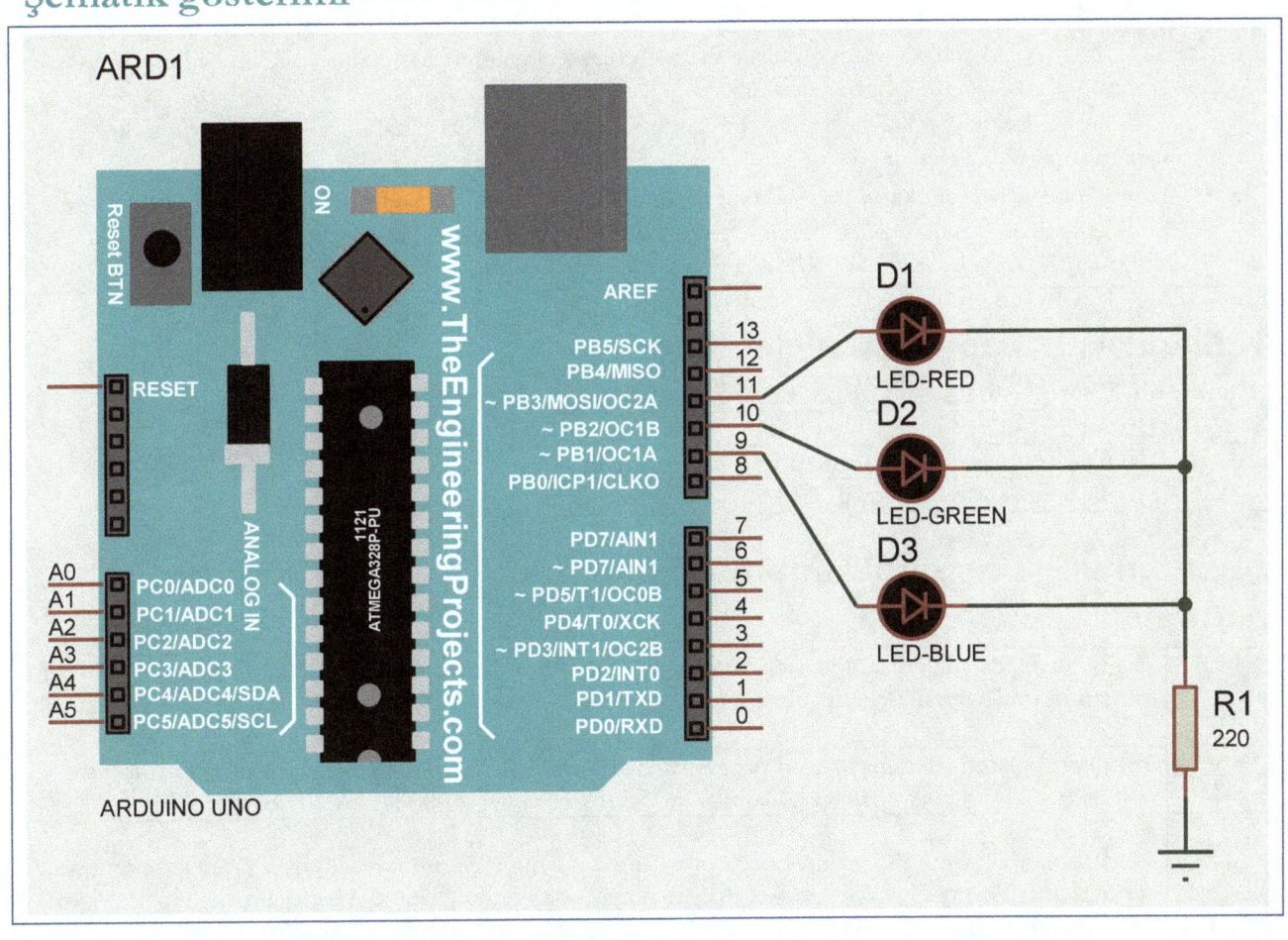

Proje 8 – LED'li Alev Etkisi

Amaç
- Bu projede PWM özelliği ile LEDler ile bir alev etkisi oluşturulmaktadır.

Uyarılar
- Arduino pinlerinin devre tahtasında doğru olarak bağlanmış olduğundan emin olunuz.
- LED'in bağlantı yönü, pozitif ve negatif kutupları (Anot/Katot) önemlidir. LED ters bağlanırsa çalışmayacaktır.
- LED'i her zaman bir direnç (örn. 220 Ohm) kullanarak bağlayınız. LEDler her zaman dirençler ile birlikte kullanılmalıdır. Çünkü LED üzerinden geçecek olan akım sınırlandırılmalıdır. Aksi halde LED kullanılamaz hale gelir, bozulur.
- Arduino pinlerinin hatalı bağlanması durumunda Ardunio pinleri yanabilir ve hatta Arduino kartınız kullanılamaz hale gelebilir.
- USB kablosu Arduino kartınıza bağlıysa, Arduino kartınıza ek güç sağlamanıza gerek yoktur.
- USB kablosu ile yapılan bağlantı, hem Arduino IDE'de derlemiş olduğunuz programı Arduino'ya aktarmanıza, hem de Arduino kartınıza güç sağlaması amacıyla kullanılmaktadır.

Kullanılacak olan malzemeler listesi

Elektronik Bileşen Adı	Türü/Değeri	Miktar
Direnç	220 Ohm	3 adet
LED	Kırmızı LED	1 adet
LED	Sarı LED	2 adet

Hatırlatma – Program Kodunun Yazılması, Derlenmesi ve Arduino'ya Aktarılması

	Bilgisayarınızda yüklemiş olduğunuz **Arduino IDE'nin editöründe bir sonraki sayfada yer alan program kod yapısını yazıp, derleyiniz**. Derlemek için kullanılan ikon sol tarafta gösterilmiştir. *(Ctrl+R)*
	Bir önceki adımda derlenmiş olan programı **USB kablo ile bağlantısı sağlanmış Arduino'ya aktarınız**. Aktarım yapmak içi kullanılan ikon sol tarafta gösterilmiştir. *(Ctrl+U)*
	USB kablonun Arduino kartınıza bağlı olmasından ve bilgisayarınızın USB üzerinden kartı tanımış ve sürücüleri otomatik yüklemiş ve çalışıyor olmasından emin olunuz. Araçlar menüsünden doğru kart tipinin seçili olduğundan emin olunuz. (Örneğin, Menü üzerinden, **Araçlar > Kart > "Arduino/Genuino Uno"**)

Program Kod Yapısı

```
// LED Alev Etkisi
int led_Pin1 = 9;
int led_Pin2 = 10;
int led_Pin3 = 11;

void setup(){
  pinMode(led_Pin1, OUTPUT);
  pinMode(led_Pin2, OUTPUT);
  pinMode(led_Pin3, OUTPUT);
}

void loop(){

analogWrite(led_Pin1, random(120)+135);
analogWrite(led_Pin2, random(120)+135);
analogWrite(led_Pin3, random(120)+135);
delay(random(100));

}
```

Devre tahtasından görünümü

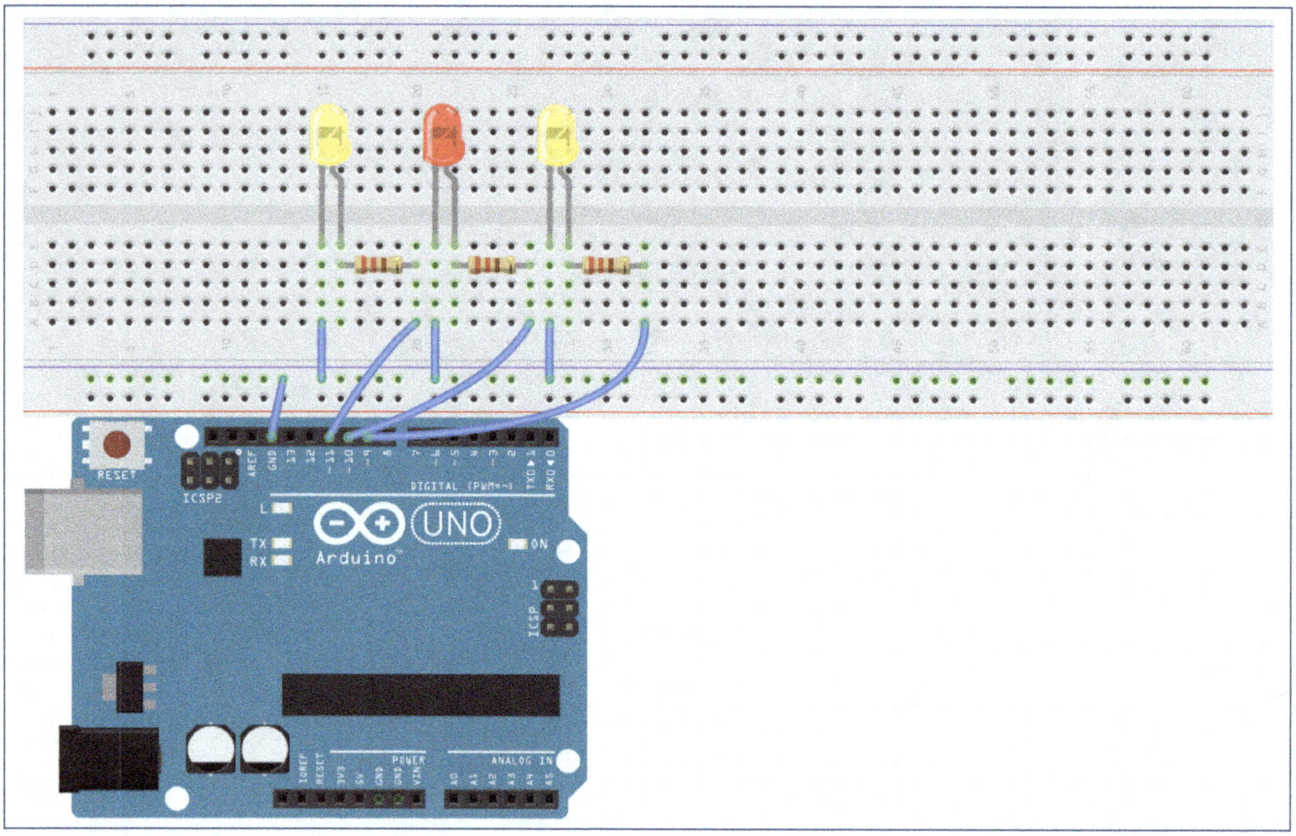

Devre tahtasının fotoğrafı

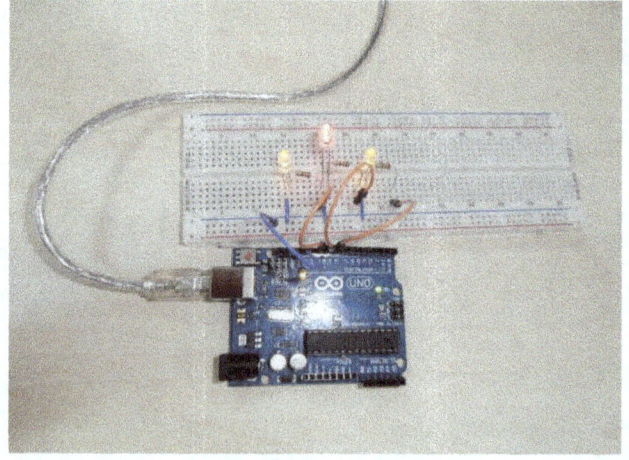

Şematik gösterimi

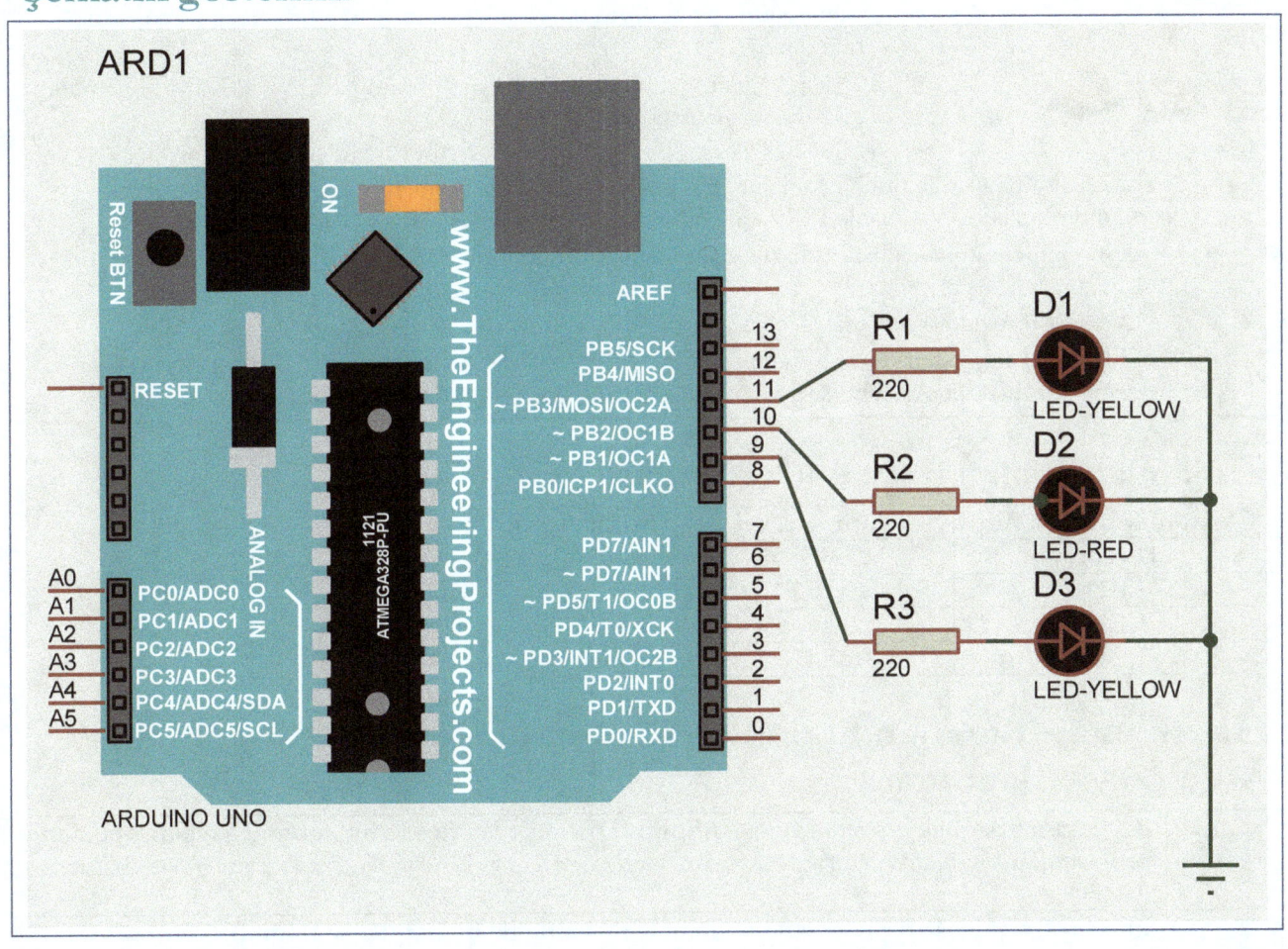

Proje 9 – LEDlerin Işık Miktarının Ayarlanması (Seri Veri Yolu Kullanımı)

Amaç
- Bu projede seri veri yolu kullanımı ile kırmızı, yeşil ve mavi LEDlerin ışık şiddeti bilgisayar klavyesinden *"Seri Port Ekranı"*'na girilen değerler ile ayarlanabilmektedir. Örneğin: Kırmızı için "**k10**", Yeşil için "**y30**", Mavi için "**m200**" gibi…

Uyarılar
- Arduino pinlerinin devre tahtasında doğru olarak bağlanmış olduğundan emin olunuz.
- LED'in bağlantı yönü, pozitif ve negatif kutupları (Anot/Katot) önemlidir. LED ters bağlanırsa çalışmayacaktır.
- LED'i her zaman bir direnç (örn. 220 Ohm) kullanarak bağlayınız. LEDler her zaman dirençler ile birlikte kullanılmalıdır. Çünkü LED üzerinden geçecek olan akım sınırlandırılmalıdır. Aksi halde LED kullanılamaz hale gelir, bozulur.
- Arduino pinlerinin hatalı bağlanması durumunda Ardunio pinleri yanabilir ve hatta Arduino kartınız kullanılamaz hale gelebilir.
- USB kablosu Arduino kartınıza bağlıysa, Arduino kartınıza ek güç sağlamanıza gerek yoktur.
- USB kablosu ile yapılan bağlantı, hem Arduino IDE'de derlemiş olduğunuz programı Arduino'ya aktarmanıza, hem de Arduino kartınıza güç sağlaması amacıyla kullanılmaktadır.

Kullanılacak olan malzemeler listesi

Elektronik Bileşen Adı	Türü/Değeri	Miktar
Direnç	220 Ohm	3 adet
LED	Kırmızı LED	1 adet
LED	Yeşil LED	1 adet
LED	Mavi LED	1 adet

Hatırlatma – Program Kodunun Yazılması, Derlenmesi ve Arduino'ya Aktarılması

	Bilgisayarınızda yüklemiş olduğunuz **Arduino IDE'nin editöründe bir sonraki sayfada yer alan program kod yapısını yazıp, derleyiniz**. Derlemek için kullanılan ikon sol tarafta gösterilmiştir. (*Ctrl+R*)
	Bir önceki adımda derlenmiş olan programı **USB kablo ile bağlantısı sağlanmış Arduino'ya aktarınız**. Aktarım yapmak içi kullanılan ikon sol tarafta gösterilmiştir. (*Ctrl+U*)
	USB kablonun Arduino kartınıza bağlı olmasından ve bilgisayarınızın USB üzerinden kartı tanımış ve sürücüleri otomatik yüklemiş ve çalışıyor olmasından emin olunuz. Araçlar menüsünden doğru kart tipinin seçili olduğundan emin olunuz. (Örneğin, Menü üzerinden, **Araçlar > Kart > "Arduino/Genuino Uno"**)

Program Kod Yapısı

```c
// Seri veri yolu kontrollü RGB ışığı
char buffer[18];
int kirmizi, yesil, mavi;
int kirmiziPin = 11;
int yesilPin = 10;
int maviPin = 9;

void setup() {

  Serial.begin(9600);
  Serial.flush();

  pinMode(kirmiziPin, OUTPUT);
  pinMode(yesilPin, OUTPUT);
  pinMode(maviPin, OUTPUT);

}

void loop(){
  if (Serial.available() > 0) {
    int index=0;
    delay(100);

    // Tamponun (buffer) doldurulmasını sağla...
    int numChar = Serial.available();

    if (numChar>15) {
      numChar=15;
    }

    while (numChar--) {
      buffer[index++] = Serial.read();
    }
    splitString(buffer);
  }
}

void splitString(char* data) {

  Serial.print("Girilen veri: ");
  Serial.println(data);

  char* parameter;
  parameter = strtok(data, " ,");
  while (parameter != NULL) {
    setLED(parameter);
    parameter = strtok(NULL, " ,");
  }

  // Metni ve seri tamponları sil
```

```
  for (int x=0; x<16; x++) {
    buffer[x]='\0';
  }
  Serial.flush();
}

void setLED(char* data) {

  if ((data[0] == 'k') || (data[0] == 'K')) {
    int Ans = strtol(data+1, NULL, 10);
    Ans = constrain(Ans,0,255);
    analogWrite(kirmiziPin, Ans);
    Serial.print("Kirmizi LED degeri: ");
    Serial.println(Ans);
  }

  if ((data[0] == 'y') || (data[0] == 'Y')) {
    int Ans = strtol(data+1, NULL, 10);
    Ans = constrain(Ans,0,255);
    analogWrite(yesilPin, Ans);
    Serial.print("Yesil LED degeri: ");
    Serial.println(Ans);
  }

  if ((data[0] == 'm') || (data[0] == 'M')) {
    int Ans = strtol(data+1, NULL, 10);
    Ans = constrain(Ans,0,255);
    analogWrite(maviPin, Ans);
    Serial.print("Mavi LED degeri: ");
    Serial.println(Ans);
  }
}
```

Devre tahtasından görünümü

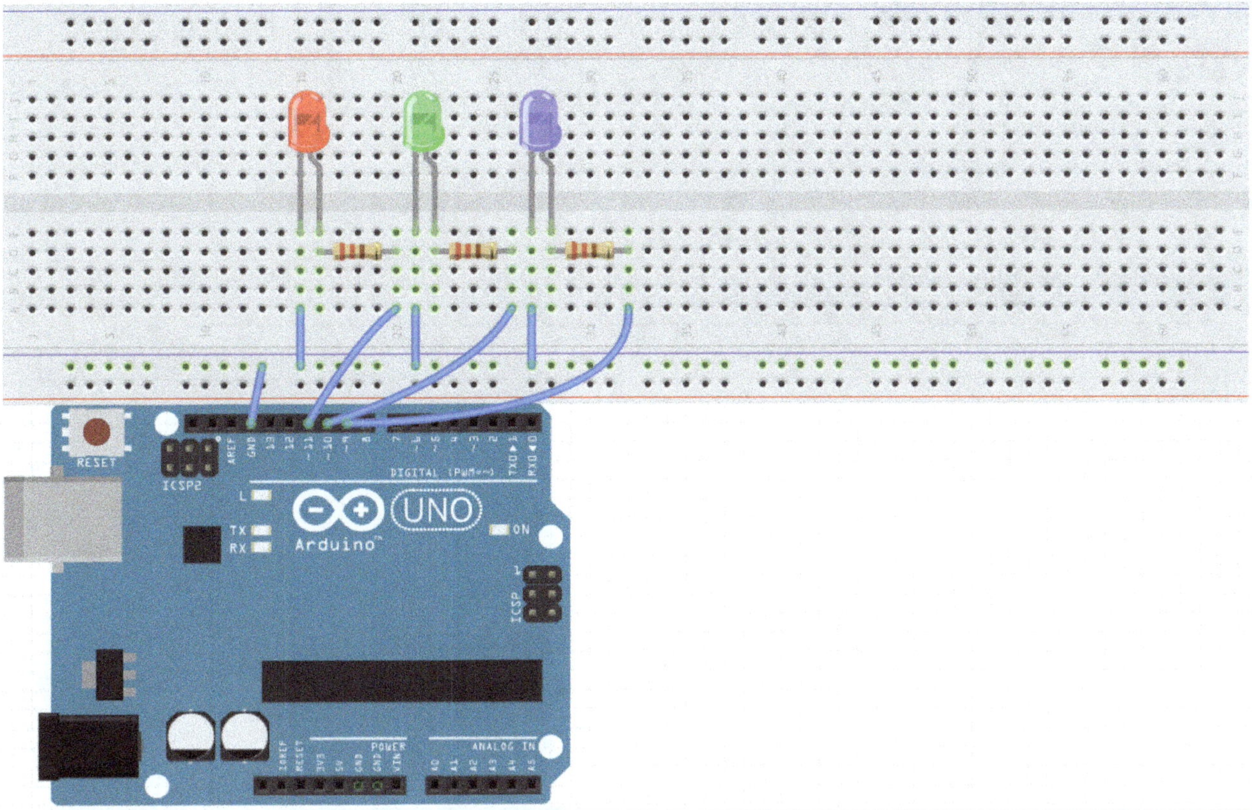

Devre tahtasının fotoğrafı

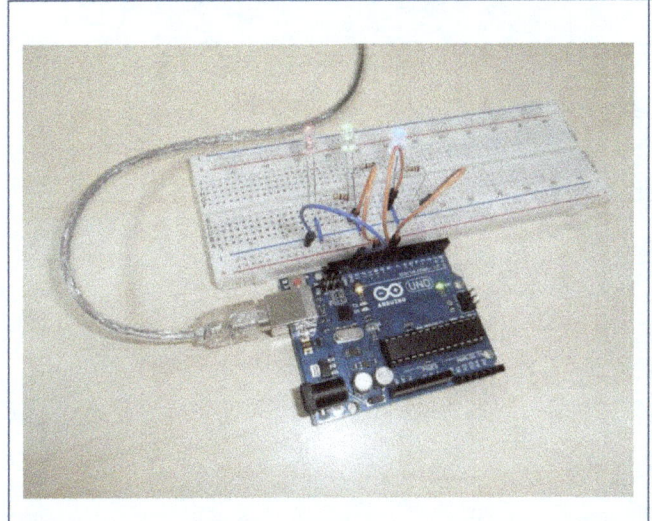

Seri Port Ekranı (9600 Baud)

- Programı Arduino'ya USB üzerinden yükleyiniz ve çalıştırınız.
- Arduino IDE'deki "**Araçlar**" Menüsünden "**Seri Port Ekranı**"nı açınız.

Arduino IDE açıkken, klavye kısayolu: **Ctrl+Shift+M**

- Seri Port Ekranı'nda kırmızı için "**k**" ya da "**K**" yazıp gönder butonu ya da Enter'a basınız.
- Seri Port Ekranı'nda yeşil için "**y**" ya da "**Y**" yazıp gönder butonu ya da Enter'a basınız.
- Seri Port Ekranı'nda mavi için "**m**" ya da "**M**" yazıp gönder butonu ya da Enter'a basınız.

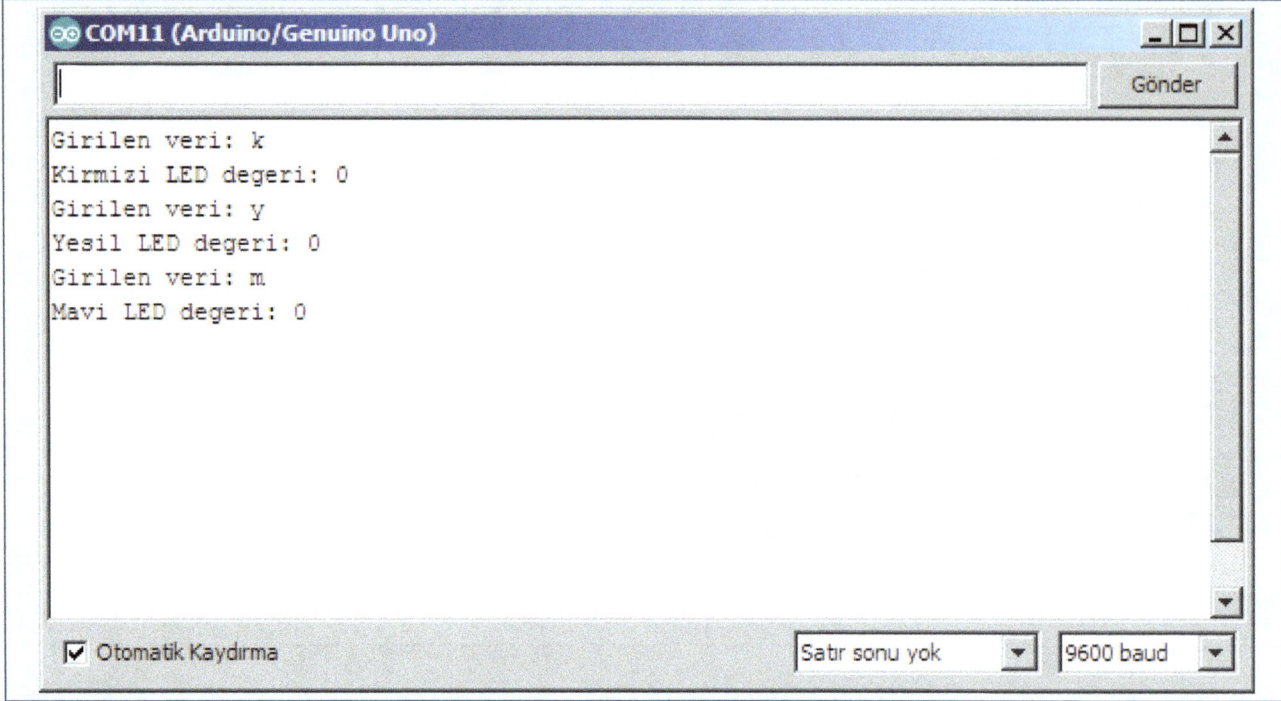

- Seri Port Ekranı'nda kırmızı için 255'den küçük bir değer girin. Örneğin: **k50** ya da **k100**
- Seri Port Ekranı'nda yeşil için 255'den küçük bir değer girin. Örneğin: **y50** ya da **y75**
- Seri Port Ekranı'nda mavi için 255'den küçük bir değer girin. Örneğin: **m50** ya da **m10**

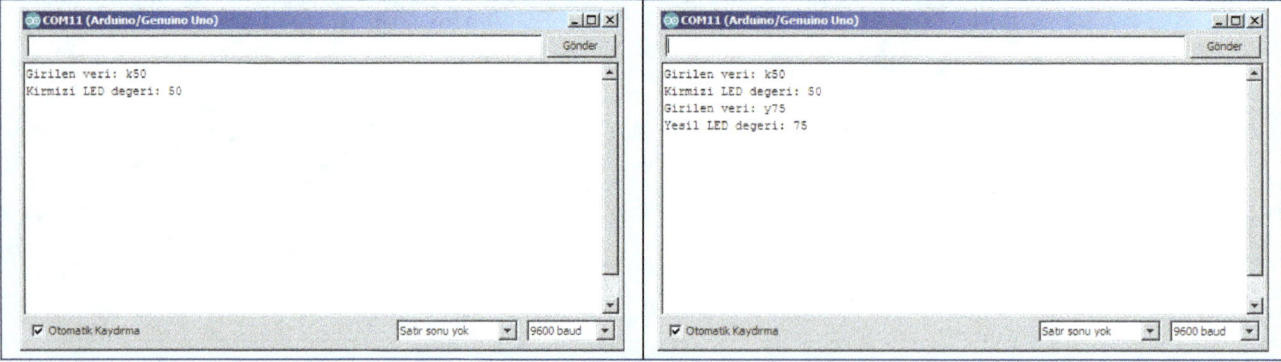

Şematik gösterimi

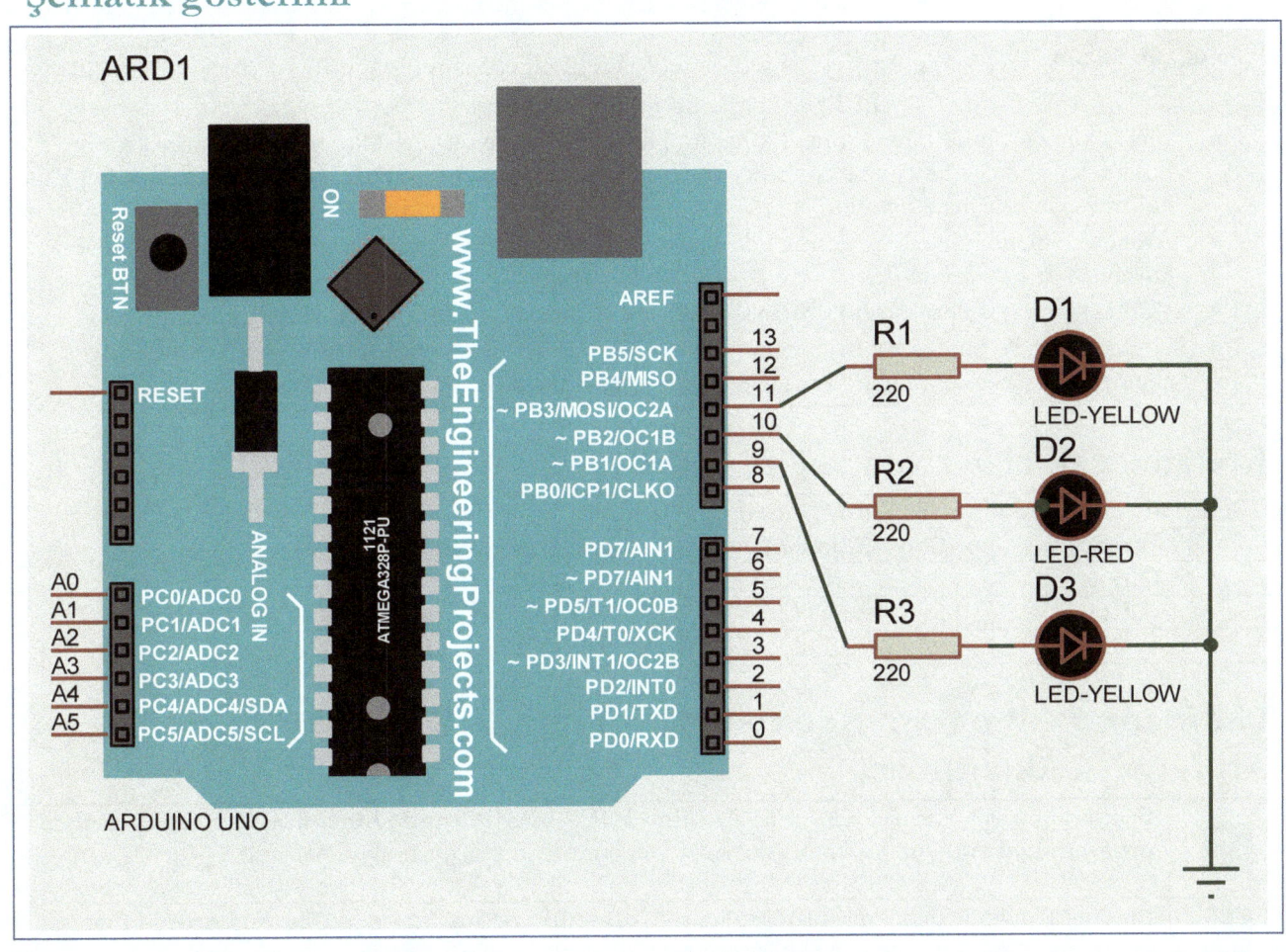

Proje 10 – Işık Sensörü (Fotodirenç)

Amaç
- Bu projede ışığa duyarlı fotodirenç kullanarak LED ışığının parlaklık seviyesinin ortamdaki ışık şiddetine bağlı olarak otomatik ayarlanması sağlanmaktadır.
- Ayrıca, bu projeyi ışığın dengeli olmasını sağlamak için PWM kullanan kademeli ışık seviyesi projesi olarak yeniden yapılandırabilir misiniz?

Uyarılar
- Arduino pinlerinin devre tahtasında doğru olarak bağlanmış olduğundan emin olunuz.
- LED'in bağlantı yönü, pozitif ve negatif kutupları (Anot/Katot) önemlidir. LED ters bağlanırsa çalışmayacaktır.
- LED'i her zaman bir direnç (örn. 220 Ohm) kullanarak bağlayınız. LEDler her zaman dirençler ile birlikte kullanılmalıdır. Çünkü LED üzerinden geçecek olan akım sınırlandırılmalıdır. Aksi halde LED kullanılamaz hale gelir, bozulur.
- Arduino pinlerinin hatalı bağlanması durumunda Ardunio pinleri yanabilir ve hatta Arduino kartınız kullanılamaz hale gelebilir.
- USB kablosu Arduino kartınıza bağlıysa, Arduino kartınıza ek güç sağlamanıza gerek yoktur.
- USB kablosu ile yapılan bağlantı, hem Arduino IDE'de derlemiş olduğunuz programı Arduino'ya aktarmanıza, hem de Arduino kartınıza güç sağlaması amacıyla kullanılmaktadır.

Kullanılacak olan malzemeler listesi

Elektronik Bileşen Adı	Türü/Değeri	Miktar
Direnç	220 Ohm	1 adet
Direnç	3.3 K Ohm	1 adet
LED	Kırmızı LED	1 adet
Foto direnç	LDR	1 adet

Hatırlatma – Program Kodunun Yazılması, Derlenmesi ve Arduino'ya Aktarılması

	Bilgisayarınızda yüklemiş olduğunuz **Arduino IDE'nin editöründe bir sonraki sayfada yer alan program kod yapısını yazıp, derleyiniz.** Derlemek için kullanılan ikon sol tarafta gösterilmiştir. (*Ctrl+R*)
	Bir önceki adımda derlenmiş olan programı **USB kablo ile bağlantısı sağlanmış Arduino'ya aktarınız.** Aktarım yapmak içi kullanılan ikon sol tarafta gösterilmiştir. (*Ctrl+U*)
	USB kablonun Arduino kartınıza bağlı olmasından ve bilgisayarınızın USB üzerinden kartı tanımış ve sürücüleri otomatik yüklemiş ve çalışıyor olmasından emin olunuz. Araçlar menüsünden doğru kart tipinin seçili olduğundan emin olunuz. (Örneğin, Menü üzerinden, **Araçlar > Kart > "Arduino/Genuino Uno"**)

Program Kod Yapısı

```c
// Işık Sensörü
int led_Pin = 6;// LED'in bağlanacağı pin
int ldr_Pin = A0;// LDR (fotodirenç) bağlanacağı pin
int isik_Degeri = 0; // LDR'den okunan değer

void setup() {
  pinMode(led_Pin, OUTPUT);
}

void loop() {

  isik_Degeri = analogRead(ldr_Pin); // LDR'nin değerini oku
  digitalWrite(led_Pin, HIGH); // LED'i yak
  delay(isik_Degeri); // LDR değeri (isik_Degeri) kadar bekle
  digitalWrite(led_Pin, LOW); //LED'i söndür
  delay(isik_Degeri); // LDR değeri (isik_Degeri) kadar bekle

}
```

Devre tahtasından görünümü

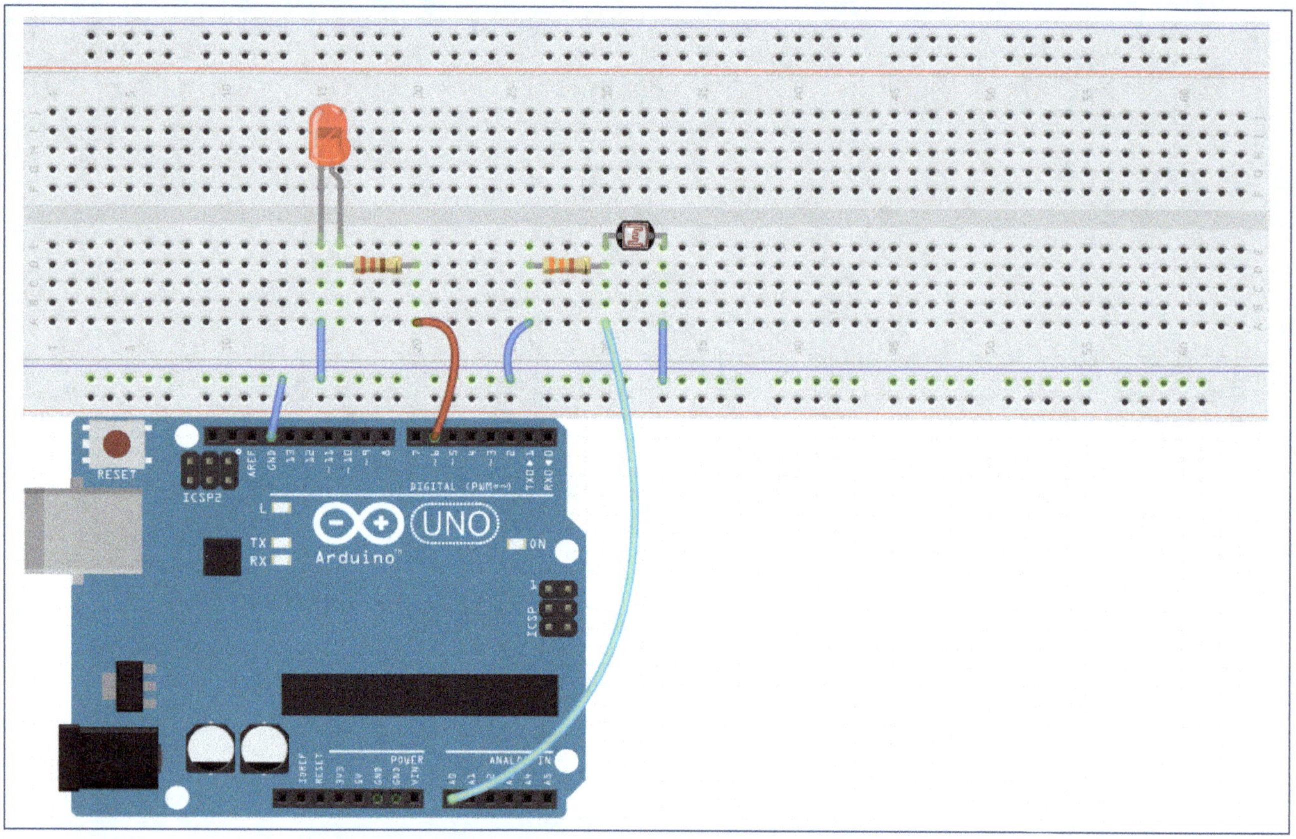

Devre tahtasının fotoğrafı

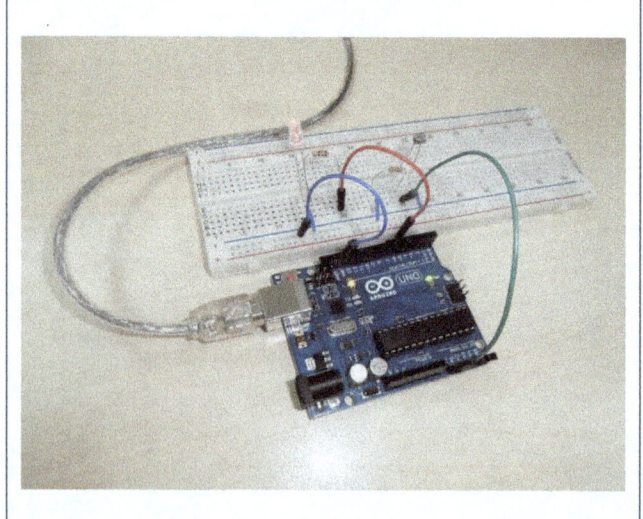

Şematik gösterimi

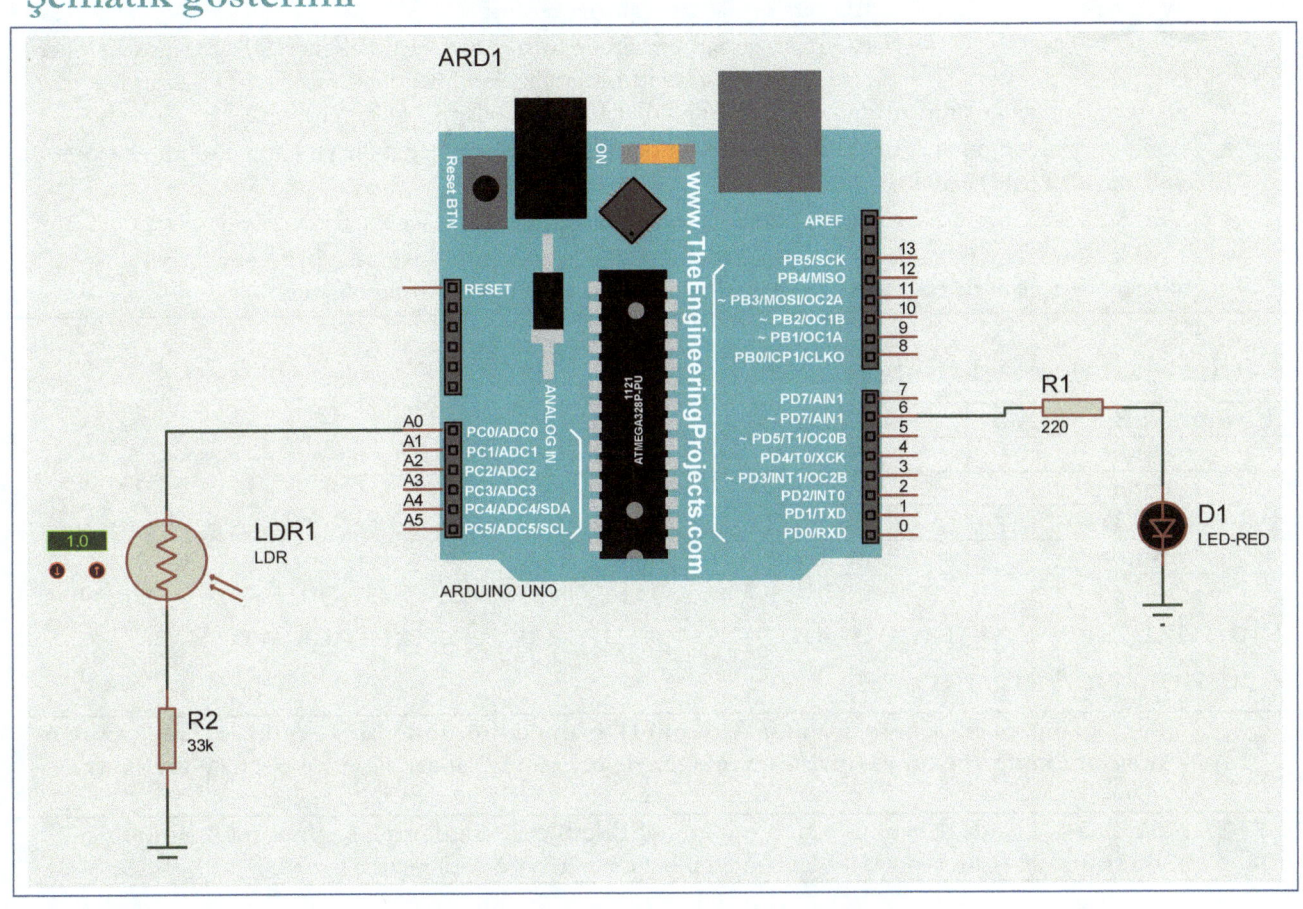

Proje 11 – LED'li Zar

Amaç
- Bu projede butona basılmasıyla birlikte 1 ile 6 arasında rastgele bir sayının üretilmesi sağlanmakta ve LEDlerin bir zar üzerindeki rakamlar biçiminde hizalanması ile elde edilen bu sayı devre tahtası üzerinde gösterilmektedir.

Uyarılar
- Arduino pinlerinin devre tahtasında doğru olarak bağlanmış olduğundan emin olunuz.
- LED'in bağlantı yönü, pozitif ve negatif kutupları (Anot/Katot) önemlidir. LED ters bağlanırsa çalışmayacaktır.
- LED'i her zaman bir direnç (örn. 220 Ohm) kullanarak bağlayınız. LEDler her zaman dirençler ile birlikte kullanılmalıdır. Çünkü LED üzerinden geçecek olan akım sınırlandırılmalıdır. Aksi halde LED kullanılamaz hale gelir, bozulur.
- Arduino pinlerinin hatalı bağlanması durumunda Ardunio pinleri yanabilir ve hatta Arduino kartınız kullanılamaz hale gelebilir.
- USB kablosu Arduino kartınıza bağlıysa, Arduino kartınıza ek güç sağlamanıza gerek yoktur.
- USB kablosu ile yapılan bağlantı, hem Arduino IDE'de derlemiş olduğunuz programı Arduino'ya aktarmanıza, hem de Arduino kartınıza güç sağlaması amacıyla kullanılmaktadır.

Kullanılacak olan malzemeler listesi

Elektronik Bileşen Adı	Türü/Değeri	Miktar
Direnç	220 Ohm	7 adet
Direnç	100 K Ohm	1 adet
LED	Kırmızı LED	7 adet
Buton	Tuşlu buton	1 adet

Hatırlatma – Program Kodunun Yazılması, Derlenmesi ve Arduino'ya Aktarılması

	Bilgisayarınızda yüklemiş olduğunuz **Arduino IDE'nin editöründe bir sonraki sayfada yer alan program kod yapısını yazıp, derleyiniz**. Derlemek için kullanılan ikon sol tarafta gösterilmiştir. (*Ctrl+R*)
	Bir önceki adımda derlenmiş olan programı **USB kablo ile bağlantısı sağlanmış Arduino'ya aktarınız**. Aktarım yapmak içi kullanılan ikon sol tarafta gösterilmiştir. (*Ctrl+U*)
	USB kablonun Arduino kartınıza bağlı olmasından ve bilgisayarınızın USB üzerinden kartı tanımış ve sürücüleri otomatik yüklemiş ve çalışıyor olmasından emin olunuz. Araçlar menüsünden doğru kart tipinin seçili olduğundan emin olunuz. (Örneğin, Menü üzerinden, **Araçlar > Kart > "Arduino/Genuino Uno"**)

Program Kod Yapısı

```c
// 7 satırlık dizi tanımla, pin değerlerini belirle
int led_Pinleri[7] = {2, 3, 4, 5, 6, 7, 8};
int zar_Patterns[7][7] = {
  {0, 0, 0, 0, 0, 0, 1}, // 1
  {0, 0, 1, 1, 0, 0, 0}, // 2
  {0, 0, 1, 1, 0, 0, 1}, // 3
  {1, 0, 1, 1, 0, 1, 0}, // 4
  {1, 0, 1, 1, 0, 1, 1}, // 5
  {1, 1, 1, 1, 1, 1, 0}, // 6
  {0, 0, 0, 0, 0, 0, 0}  // Boş
};
int buton_Pini = 9;
int bos = 6;

void setup() {
  for (int i = 0; i < 7; i++){
    pinMode(led_Pinleri[i], OUTPUT);
    digitalWrite(led_Pinleri[i], LOW);
  }
  randomSeed(analogRead(0));
}
void loop(){
  if (digitalRead(buton_Pini)){
    zar_At();
  }
  delay(100);
}
void zar_At(){
  int sonuc = 0;
  int zar_Yuvarlanma_Uzunlugu = random(15, 25);
  for (int i = 0; i < zar_Yuvarlanma_Uzunlugu; i++){
    sonuc = random(0, 6); // sonuc: 0..5 (1..6 değil)
    show(sonuc);
    delay(50 + i * 10);
  }

  for (int j = 0; j < 3; j++){
    show(bos);
    delay(500);
    show(sonuc);
    delay(500);
  }
}
void show(int sonuc){
  for (int i = 0; i < 7; i++){
    digitalWrite(led_Pinleri[i], zar_Patterns[sonuc][i]);
  }
}
```

Devre tahtasından görünümü

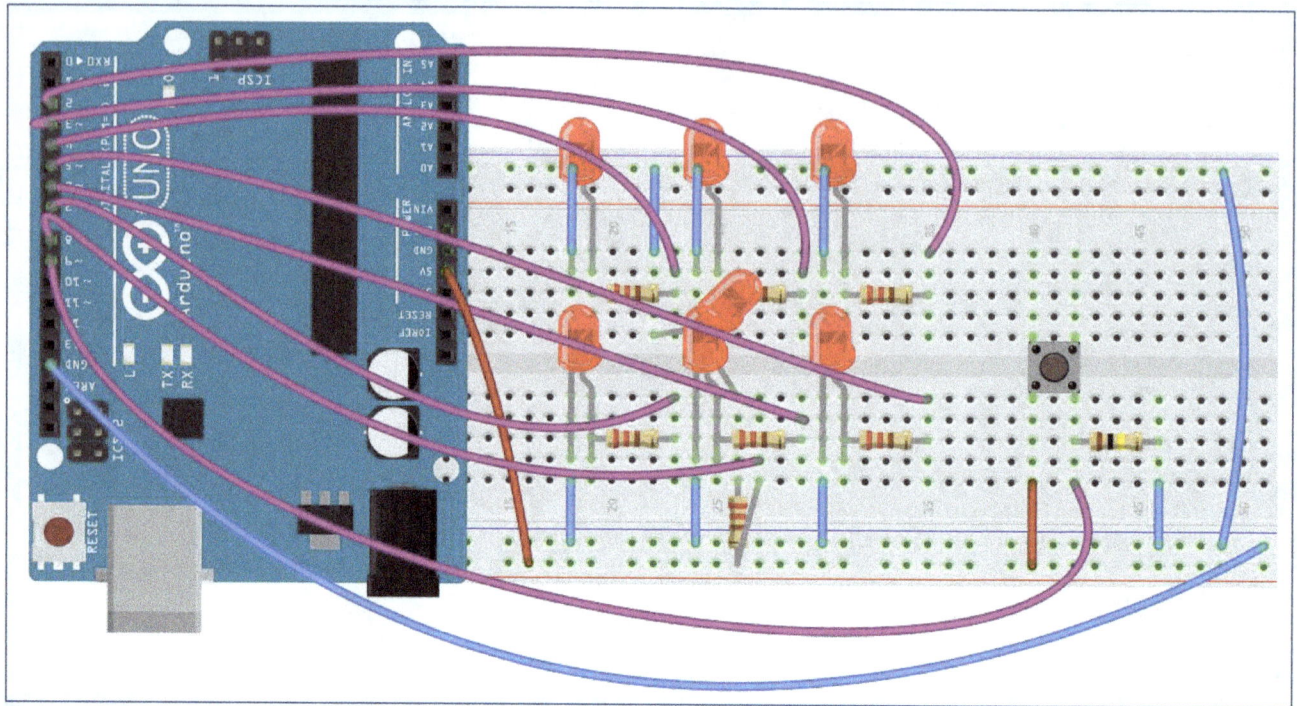

Devre tahtasının fotoğrafı

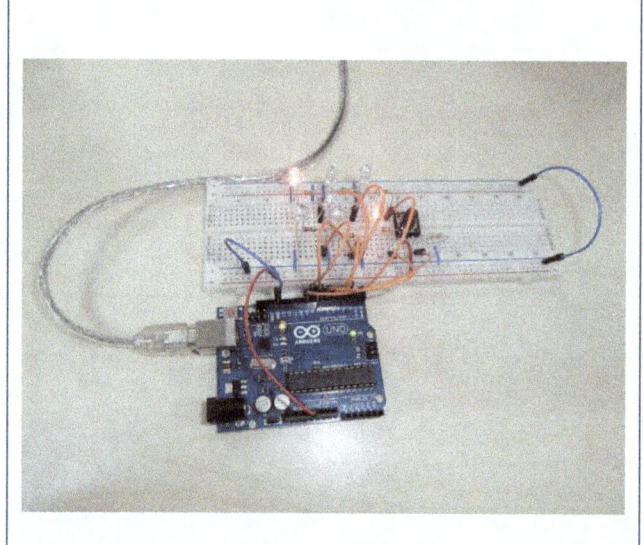

Şematik gösterimi

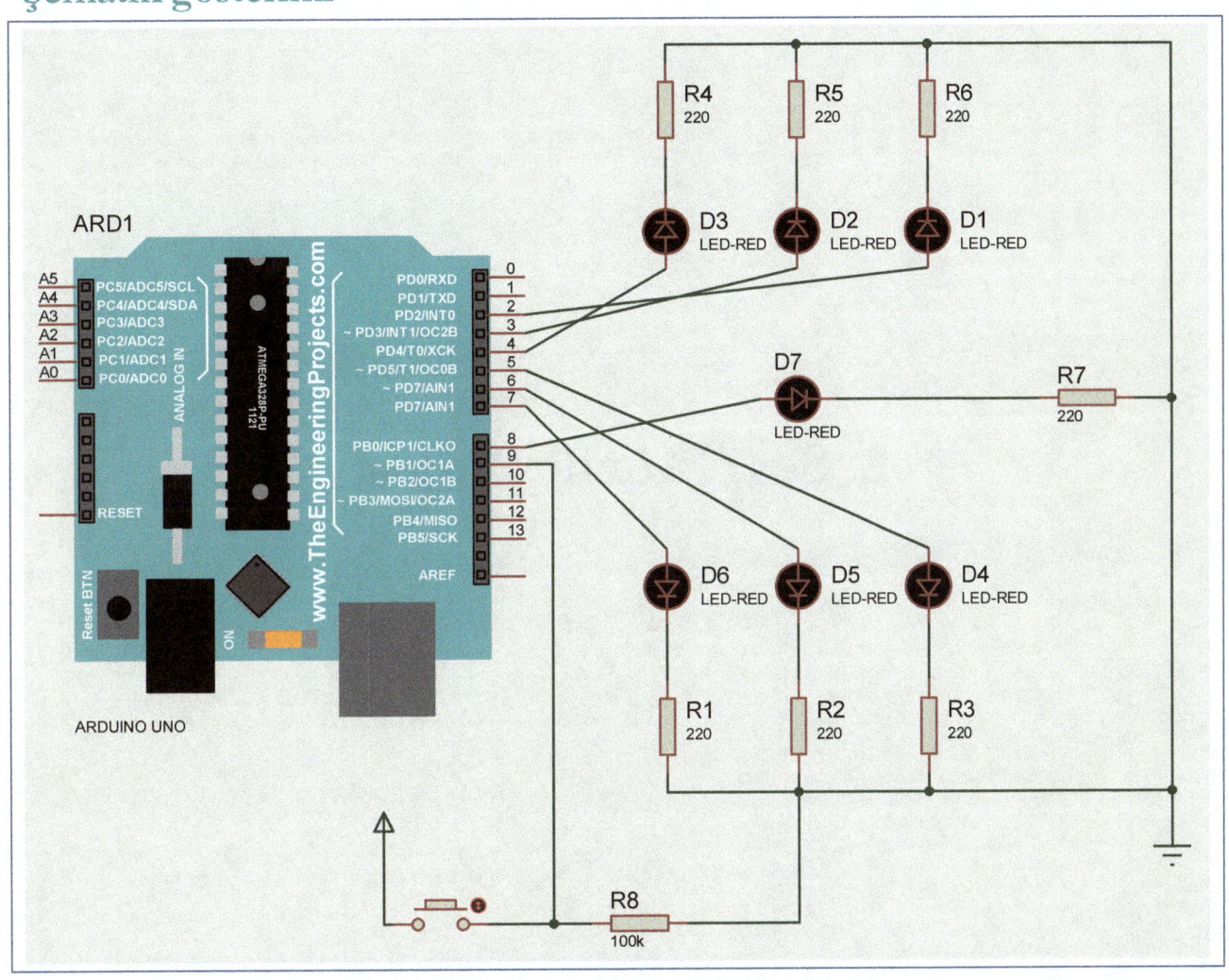

2. Ses/Müzik Projesi

Proje 12 – Melodi Devresi

Amaç
- Bu projede Piezo/Buzzer hoparlörden basit bir melodi elde edilmesi sağlanmaktadır.

Uyarılar
- Arduino pinlerinin devre tahtasında doğru olarak bağlanmış olduğundan emin olunuz.
- Arduino pinlerinin hatalı bağlanması durumunda Ardunio pinleri yanabilir ve hatta Arduino kartınız kullanılamaz hale gelebilir.
- USB kablosu Arduino kartınıza bağlıysa, Arduino kartınıza ek güç sağlamanıza gerek yoktur.
- USB kablosu ile yapılan bağlantı, hem Arduino IDE'de derlemiş olduğunuz programı Arduino'ya aktarmanıza, hem de Arduino kartınıza güç sağlaması amacıyla kullanılmaktadır.

Kullanılacak olan malzemeler listesi

Elektronik Bileşen Adı	Türü/Değeri	Miktar
Piezo Hoparlör	Piezo/Buzzer	1 adet

Hatırlatma – Program Kodunun Yazılması, Derlenmesi ve Arduino'ya Aktarılması

✓	Bilgisayarınızda yüklemiş olduğunuz **Arduino IDE'nin editöründe bir sonraki sayfada yer alan program kod yapısını yazıp, derleyiniz**. Derlemek için kullanılan ikon sol tarafta gösterilmiştir. (*Ctrl+R*)
→	Bir önceki adımda derlenmiş olan programı **USB kablo ile bağlantısı sağlanmış Arduino'ya aktarınız**. Aktarım yapmak içi kullanılan ikon sol tarafta gösterilmiştir. (*Ctrl+U*)
🤖	USB kablonun Arduino kartınıza bağlı olmasından ve bilgisayarınızın USB üzerinden kartı tanımış ve sürücüleri otomatik yüklemiş ve çalışıyor olmasından emin olunuz. Araçlar menüsünden doğru kart tipinin seçili olduğundan emin olunuz. (Örneğin, Menü üzerinden, **Araçlar > Kart > "Arduino/Genuino Uno"**)

Program Kod Yapısı

```c
// Melodi Projesi
int hoparlor_Pini = 9;
int uzunluk = 15; // Notaların adedi

char notalar[] = "ccggaagffeeddc ";//Boşluk: duraklama anlamına geliyor.

int muzikal_atimlar[] = { 1, 1, 1, 1, 1, 1, 2, 1, 1, 1, 1, 1, 1, 2, 4 };
int tempo = 300;

void oynat_Ton(int ton, int suresi) {
  for (long i = 0; i < suresi * 1000L; i += ton * 2) {
    digitalWrite(hoparlor_Pini, HIGH);
    delayMicroseconds(ton);
    digitalWrite(hoparlor_Pini, LOW);
    delayMicroseconds(ton);
  }
}

void oynat_Nota(char nota, int suresi) {

  // Do, Re, Mi, Fa, Sol, La, Si, DO
  char nota_adlari[] = { 'c', 'd', 'e', 'f', 'g', 'a', 'b', 'C' };
  int tonlar[] = { 1915, 1700, 1519, 1432, 1275, 1136, 1014, 956 };

  // Notaya karsilik gelen tonu çal
  for (int i = 0; i < 8; i++) {
    if (nota_adlari[i] == nota) {
      oynat_Ton(tonlar[i], suresi);
    }
  }
}

void setup() {
  pinMode(hoparlor_Pini, OUTPUT);
}

void loop() {
  for (int i = 0; i < uzunluk; i++) {
    if (notalar[i] == ' ') {
     delay(muzikal_atimlar[i] * tempo); // Duraklama
    }
    else{
     oynat_Nota(notalar[i], muzikal_atimlar[i] * tempo);
    }

    delay(tempo / 2); // Notalar arası duraklama
  }
}
```

Devre tahtasından görünümü

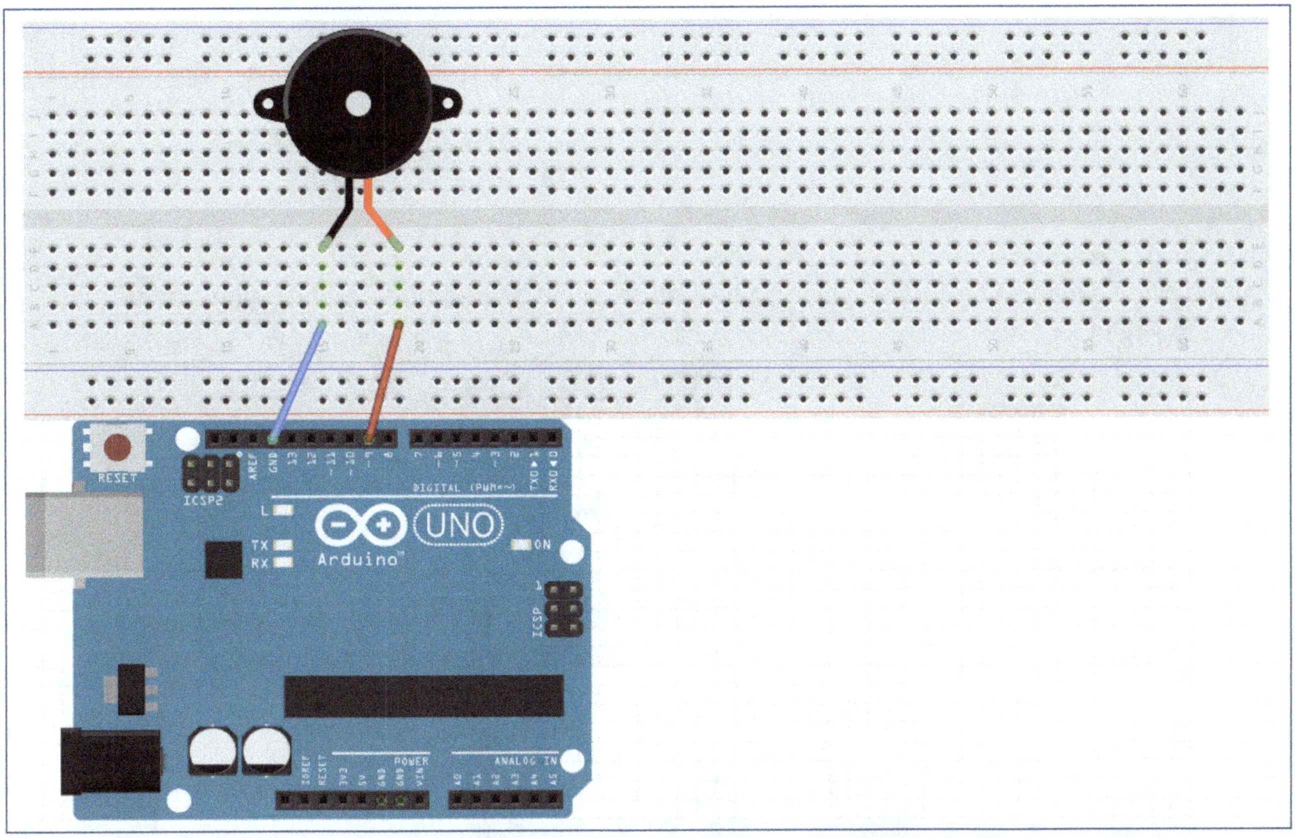

Devre tahtasının fotoğrafı

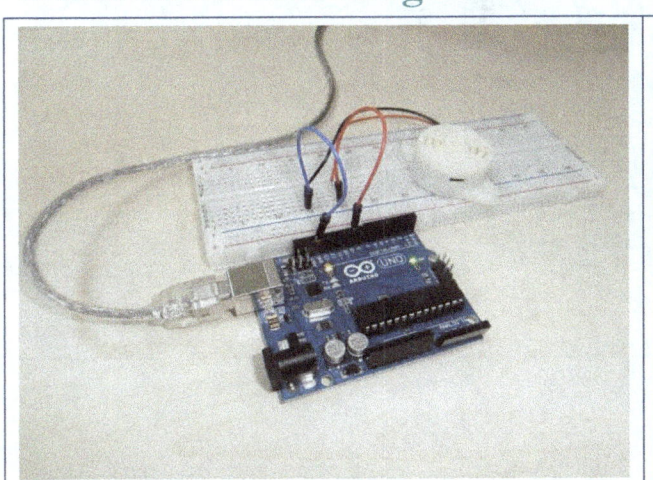 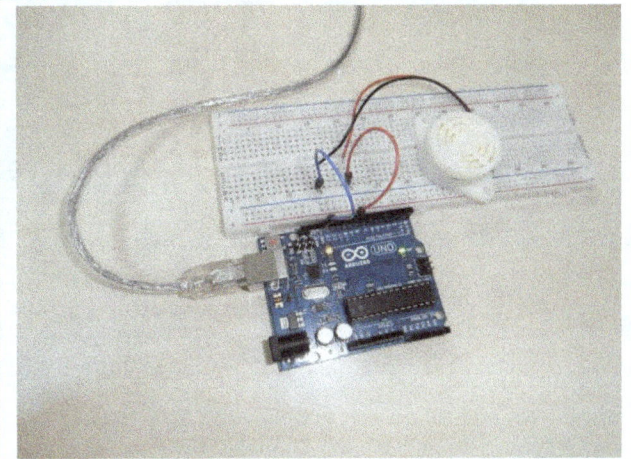

Şematik gösterimi

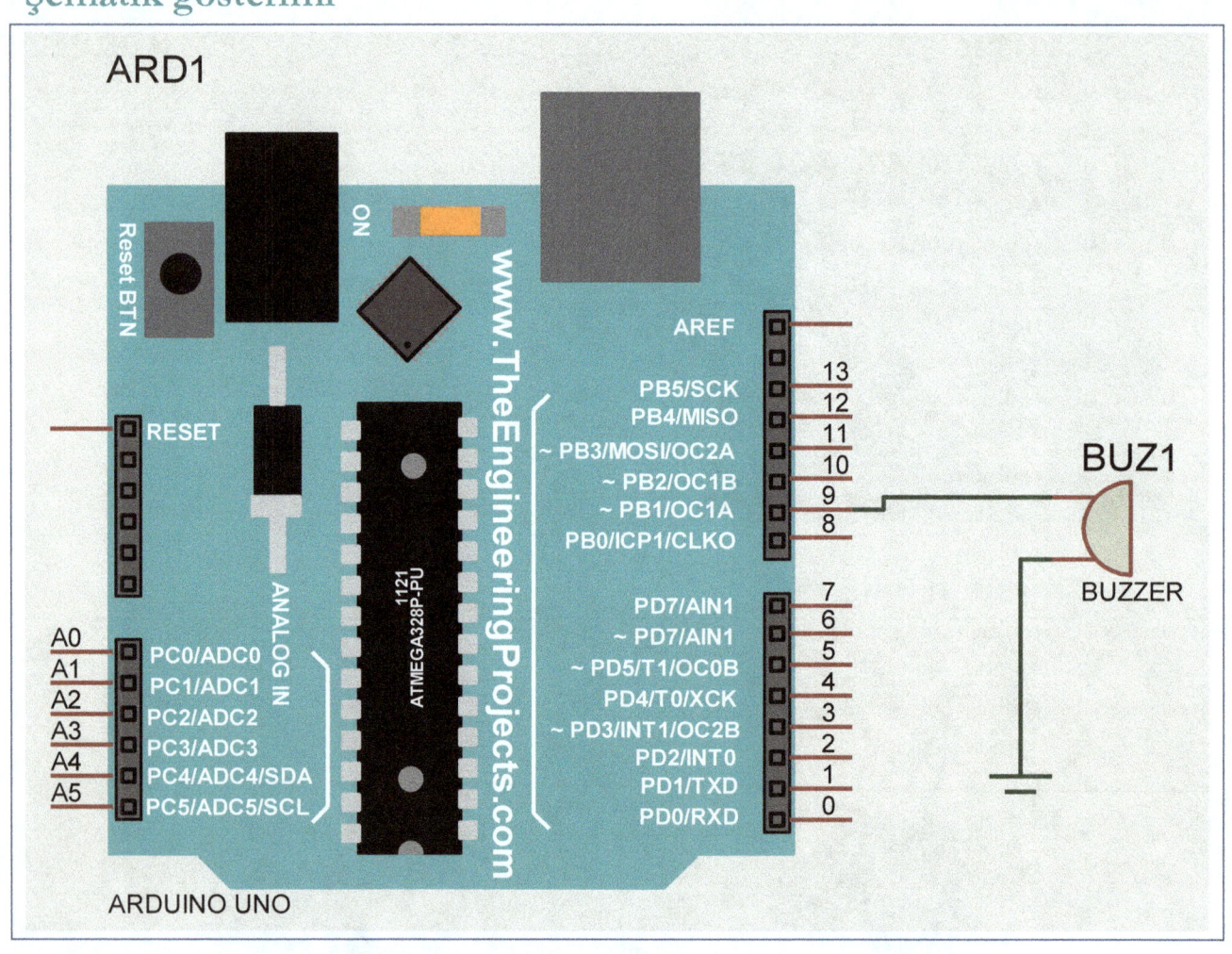

www.ingramcontent.com/pod-product-compliance
Lightning Source LLC
Chambersburg PA
CBHW080413300426
44113CB00015B/2503